BIANFENGLIANG KONGTIAO XITONG
SHEJI YU YINGYONG

变风量空调系统
设计与应用

叶水泉　刘月琴　应晓儿　胡良军　编著

U0305339

中国电力出版社
CHINA ELECTRIC POWER PRESS

内容提要

本书以变风量空调系统的最新设计理念和技术应用为主线，介绍了变风量空调系统设计全过程，重点介绍了适应中国国情的变风量空调创新技术、产品和系统设计方法，并提供了典型设计应用案例。

全书共分7章，内容包括：变风量空调系统概述；变风量空调设计，包含变风量空调系统设计原则、系统分区设计、空调负荷计算、主要设备设计选型、新风系统设计、风管系统设计、噪声控制等；变风量空调自动控制系统设计；低温送风变风量空调设计；变风量空调创新设计；变风量空调系统安装与调试以及变风量空调设计应用实例。

全书脉络清晰，技术实用度高，适合各大设计院所的设计人员、高校师生、暖通空调及节能等相关领域技术人员阅读和参考。

图书在版编目（CIP）数据

变风量空调系统设计与应用 / 叶水泉等编著. —北京：中国电力出版社，2016.11（2018.2 重印）
ISBN 978-7-5123-9180-2

Ⅰ. ①变… Ⅱ. ①叶… Ⅲ. ①变风量-空调-系统设计
Ⅳ. ①TB657.2

中国版本图书馆CIP数据核字（2016）第 071551 号

中国电力出版社出版、发行
（北京市东城区北京站西街 19 号 100005 http://www.cepp.sgcc.com.cn）
航远印刷有限公司印刷
各地新华书店经售

*

2016 年 11 月第一版 2018 年 2 月北京第二次印刷
787 毫米 × 1092 毫米 16 开本 11.125 印张 243 千字
印数 2001-3500 册 定价 69.00 元

变风量空调系统进入中国的实践表明，唯有通过硬软件技术的创新才能显著简化其设计、安装、调试、运行，实现预期的热舒适和节能目标。源牌集团推出的机电仪控一体化变风量末端和强弱电一体化变风量系统控制柜，正是这一理念的体现，也是源牌 10 多年努力创新的结晶。同样基于这一理念编写的《变风量空调系统设计与应用》将为设计师和相关技术人员提供更具使用价值的参考。

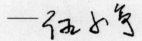

天津市建筑设计院总工程师、国务院政府特殊津贴
专家、天津市工程勘察设计大师

　　变风量空调是全空气空调的发展方向之一。源牌集团编写的《变风量空调系统设计与应用》，使变风量空调系统的设计与产品的选用更加明了与简便，必将有力地推动变风量空调系统在我国发展。

　　源牌变风量空调，确实是变风量的一支清澈的源泉。

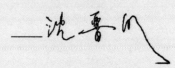

同济大学教授、博士生导师，
中国建筑学会暖通空调委员会委员

本书结合源牌集团多专业协调配合的特点，对变风量装置和系统设计进行了机电一体化的有机结合，较详细地介绍了变风量系统的设计原理，为设计师在变风量系统的工程设计中提供了一定的便利和方法，对变风量系统在我国的合理应用和节能运行，具有一定的促进作用。

——潘云钢

中国建筑设计研究院副总工程师、技术质量管理部主任，
建设部有突出贡献的中青年专家、国务院政府特殊津贴专家

序 一

从 90 年代开始，变风量空调系统逐步在国内得到了应用，但进口产品价格高，控制系统水土不服，缺乏国内应用经验，应用效果褒贬不一。为此，众多的学者、企业家和研发机构都投入了大量的人力、物力进行研究和探索，源牌集团就是这些勇于探索的佼佼者之一。在经历了十多年的探索、认知直到创新的过程，该企业创造出了自己变风量末端装置和控制系统，成功研制出了适合国情的第四代"集成模糊自适应控制变风量产品"，降低了投资，简化了从设计、安装到维护管理的各项工作，并将这些探索、研究和实践的经验进行了总结，编写了《变风量空调系统设计与应用》。

本书不但介绍了变风量空调系统的设计原理和设计控制方法，将设计的全过程进行了展示，贯穿了新的设计理念和技术应用，还将多年来的成功的设计经验给予总结介绍，对于提高应用舒适度，降低运行能耗都有极好的指导作用。这是一本很好的工具书，希望能成为暖通设计人员的好朋友。

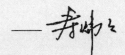

教授级高工、上海建筑设计研究院资深顾问 / 总工程师

序　二

　　源牌集团在叶水泉先生的带领下，已经从一个蓄冷技术集成的企业，发展成为一个创新型企业。近年来不断拓展到新的技术领域，变风量空调系统就是其中之一。记得叶水泉先生早年在浙江大学攻读博士学位时就是以变风量末端作为他的研究方向。经过这么多年的积累，现在的源牌集团不但具有了变风量末端的制造能力，而且具备了很强的自控系统自主集成能力，使得源牌的变风量系统异军突起，已经可以与国外知名品牌一较高下，并逐渐在国内变风量空调市场上占有一席之地。令我感到由衷的欣喜和钦佩。

　　最早的空调系统是满足制造业工艺过程需求的全空气系统。然后，全空气系统进入了楼房，很适合早年楼房的大层高和非密闭条件。而当全空气系统进入高层建筑后，服务面积变大了、空间变小了、建筑密闭了，定风量系统就显得无法适应。变风量（VAV）系统的出现，正是为了解决高层建筑分内外区、各朝向负荷差异，以及密闭建筑对新风的需求等特定的问题。VAV是一种负荷追踪型的系统。正因为它能够追踪负荷，根据负荷变化调节风量，所以相对定风量全空气系统而言，它是节能的。但正因为它要保证最小新风量，所以需要再热；也因为它是全空气系统，空气密度小，输送能耗就比较大。因此，变风量系统需要精心设计，扬长避短，也需要暖通工程师兼有自动控制方面的技术能力。

　　本书非常实用，且贴近实际，超出了以往制造厂商选型样本的范畴，可以供设计师参考，也可供初学者作为入门指南。

——龙惟定

同济大学教授、博士生导师，中国科学院
上海高等研究院低碳城市研究中心顾问

前　言

对建筑室内环境温度、湿度、噪声、PM2.5、CO_2、VOC 等参数进行有效控制，是新常态下大众对高品质工作、生活环境的新要求。变风量空调是对室内这些环境参数进行有效控制的最佳技术，在新建高品质现代楼宇中受到越来越多的青睐。然而，变风量空调建设难度高、投资成本高和运行能耗高等"三高"缺点严重制约了其在我国的发展，无法满足市场的需求。建设难度高，一方面主要表现在传统中央空调建设过程中长期采用的机、电相互分离的建设模式，即组合式空调机、VAV-BOX 和风管系统由机电安装公司负责采购和安装，而自动控制产品和系统却由弱电集成商提供和完成，空调系统总体性能却没有负责单位；另一方面，产品制造和供应同样按照机、电分开的方式进行，如用于房间温度控制的末端装置也分开为末端风阀盒子 VANBOX 和风阀控制器，分别由空调厂商和自控厂商提供，其风量控制性能也没有明确的责任人。这种招标采购、产品制造，以及施工安装中将机、电割裂开来的建设模式无法适应复杂的变风量空调技术，空调系统性能好坏没有明确且有能力的责任人。投资高主要原因是变风量空调系统的核心产品，即变风量末端装置、自控产品和系统长期依赖国外厂商，形成了国外品牌垄断，市场竞争缺乏活力的格局。另外，系统能耗高。输送相同冷量风系统的能耗一般也高于相应的水系统；能耗高的主要原因还有建成的变风量空调系统没有根据室内冷（热）负荷变化及时变频变风量和适当变水温、变风温自适应运行；更有甚者，自动控制系统长期处于瘫痪状态，靠运行管理人员的经验运行，使得变风量空调长期偏离设计目标运行而得不到及时纠正。这些是国内变风量空调成功案例少的主要原因。

笔者所在的源牌集团自 20 世纪 90 年代末开始从事变风量空调研究、开发与应用推广工作，经过 20 多年的发展，形成了从系统设计深化、核心产品制造、施工指导、运行调试到测试评估的变风量空调整体化解决方案。在引进消化吸收再创新的基础上，针对国内变风量空调"三高"症状，成功研制出适合国情的第四代"集成模糊自适应控制变风量产品"，其显著特点是采用先进的电子信息与模糊自适应控制技术，轻松实现变静压或总风量节能控制，将复杂的变风量系统打造成集成化标准产品，即机电仪控一体化变风量末端装置 VAV-TMN 和强弱电一体化的空调机组智慧控制柜 RM5600 两大系列产品。

简化了变风量空调系统的设计、安装、调试和运行维护工作，像制造汽车一样生产变风量空调系统，实现标准化、工厂化生产和大数据本地化服务，在保证按照设计目标，实现舒适健康、高效节能等客户要求的同时，大幅度降低变风量空调的建设成本，让国内普通楼宇也用得起、用得好高品质的变风量空调。

我们将这些研究成果编写成内部资料《变风量系统简明设计手册》供广大设计工程师设计参考，经过两年的使用，业界普遍反映较好，给予了我们大量积极的反馈，特别是得到了我国空调届最高成就奖"吴元炜暖通空调奖"历届获得者寿炜炜、龙惟定、伍小亭、沈晋明、潘云钢等专家的充分肯定，作者和同事们备受鼓舞，决定在原"简明设计手册"的基础上，进一步补充研究和实践两个方面的材料，编写完成本书。本书从变风量空调原理、系统设计原则、设计步骤（包含低温送风系统设计、系统分区和负荷计算、设备选型、新风设计和风管设计等）、自动控制系统设计、变风量空调创新设计，以及大量设计应用实例等多方面进行全面介绍，是一本与工程实际结合非常紧密的书籍，可以供暖通空调技术人员在实际设计和管理运行变风量空调系统时参考学习。

本书中呈现的系列研究成果得到了全国暖通空调专业委员会以及同行业许多专家的支持和鼓励，没有他们的帮助，笔者所在的企业难以如此持久地研发适合中国特色的变风量空调系统；变风量系统和相关产品研究以及本书的编写除了已署名的作者以外，还有许多同事参与其中，参加编写和校对工作的还有张劲松、朱好仁、林拥军、陈殿坤、罗建楠、张锐、魏波、付乐、姜峰、邓永强、郑裕东、梁利霞、曾森等，郑文君女士在作者之间以及与出版社联络过程中不厌其烦地做了大量工作。没有他们的支持，本书不可能在如此短的时间内与读者顺利见面。

另外本书中介绍的变风量系统应用案例包括华电电力科学研究院办公楼、珠江城大厦、武汉建设大厦、江西日报社大楼、青山湖科技城创新服务中心、浙江省丽水电力调度中心、天津于家堡 03-26 号地块、深圳能源大厦、上海白玉兰广场等项目，在收集和整理这些案例资料以及编写过程中得到了杭州国电能源环境设计研究院、广州市建筑设计研究院、武汉市建筑设计研究院、江西省建筑设计研究院、浙江大学建筑设计研究院、天津市建筑设计研究院、深圳市建筑设计研究总院、华东建筑设计研究院等各大设计院设计师的鼎立支持和帮助，在此一并致以最诚挚的感谢！

鉴于编著者水平有限，书中错误或不当之处一定不少，恳请读者不吝赐教。

2016 年 6 月

目　录

第 1 章

变 风 量 空 调 系 统

1.1　变风量空调发展概况

　　变风量（Variable Air Volume）空调系统于 20 世纪 60 年代起源于美国。在当时，定风量系统加末端再热和双风道系统在很长一段时间内占据舒适性空调的主导地位。为此，变风量系统出现以后并没有立刻得到推广，直到 1973 年西方石油危机之后，能源危机推动了变风量系统的研究和应用，此后 20 年中不断发展，如今已经成为美国空调系统的主流。

　　变风量系统在发展初期，因支管风量平衡的需要和控制设备的局限，大多要求采用高速送风系统，主要送风速度在 12.5m/s 以上，并且推荐采用静压复得法设计风管系统。尽可能地采用圆形或椭圆形风管，以减小摩擦阻力。但是高速送风系统的风机耗能大，且管路系统噪声增加。随着压力无关型 VAV-box 逐步取代压力相关型 VAV-box 及变风量控制器的发展，于是变风量空调方式在低速送风系统中的应用越来越普遍。

　　在日本，将变风量空调方式用于低速送风系统的研究与开发值得关注。日本人研究开发了超声波流量传感器和转轮式流量传感器等多种适用于低速送风系统的风速传感设备，一方面节能；另一方面降低了风管噪声，因此，进入 20 世纪 90 年代以后，无论是新建还是 70 年代以前建造的空调系统的翻新改造，基本上都采用变风量空调系统。

　　我国在 20 世纪 70 年代即有人研究 VAV 系统的开发和应用，并在地下厂房、纺织厂、体育馆等建筑中就采用过 VAV 系统。在 80 年代末期我国出现的首批智能化建筑中，也曾采用过 VAV 系统，但由于建设过程和使用过程中的种种问题，有些工程在运行两三年后便取消了变风量系统的运行方式，相应的自控设备也拆除了，这使得变风量系统的优点没有发挥出来，变风量系统附加的投资难以得到回报。在此期间，变风量空调技术（包括控制技术和设备），也在不断地发展和完善。目前，在国内智能建筑的高速发展过程中，急需全面深刻地分析变风量空调系统的现存问题和技术关键，总结工程实例，促进这一重要技术的平稳发展。

1.2 热舒适性与室内空气品质

室内空气环境是建筑环境中的重要组成部分，其包括室内热湿环境和室内空气品质。在现代，尤其是办公建筑中，人们处于室内的时间较长，室内空气环境直接影响到人员的工作效率和身心健康，营造一个良好的室内空气环境是暖通设计人员的工作出发点和最终目的。

1.2.1 室内热湿环境

室内热湿环境主要包括室内空气的干球温度和相对湿度两个指标，其形成主要来自各种外扰和内扰的影响。外扰主要包括室外气候参数，如室外空气温度和湿度、太阳辐射、风速、风向变化，以及邻室的空气温度和湿度，通过传热、传湿、渗透等方式对室内热湿环境产生影响；内扰则主要包括室内设备、照明、人员等热湿源。

室内空气的干球温度是室内热湿环境的首要控制指标，不同类型的建筑、功能房间在设计温度上存在差异，相关的设计手册和规范上对此都进行了明确规定。

室内空气的相对湿度是室内空气环境的另一个重要参数，人体在室内感觉舒适的最佳相对湿度是40%～50%。相对湿度过小会导致人体呼吸道疾病，加速皮肤衰老、静电现象等。相对湿度过大，易滋生微生物。合理的控制室内空气湿度不仅影响人体的舒适度，也在一定程度上影响着人体的健康。

已有研究发现，夏季偏热环境下，高空气湿度会提高人体热感觉，因此，夏季空调中适当地降低空气的相对湿度、提高室内空气温度对人体的热舒适性感受不会造成明显影响，此方法有利于减小冷负荷，增大送风温差，减小送风量，降低能耗，实现节能。

冬季加湿或许可以改善人体的舒适性感觉，但较高的湿度为微生物生存和繁衍创造了有利条件，因此，在室内湿平衡能够保证的情况下尽量少加湿或不加湿，或者适当降低室内干球温度来改善湿平衡条件，是处理冬季室内空气相对湿度问题的可参考途径。

1.2.2 热舒适性评价

热感觉是人对周围环境是"冷"还是"热"的主观描述。感觉不能用任何直接的方法来测量，心理学的一个分支称为心理物理学，即是一种针对感觉和刺激之间关系的研究学科。由于热感觉无法直接测量，因此只能采用问卷的方式了解受试者对环境的热感觉，要求受试者按某种等级标度来描述其热感。而心理学研究的结果表明，一般人可以不混淆的区分感觉的量级不超过七个，因此，对热感觉的评价指标往往采用七个标度，表1-1是目前使用最广泛的两种标度，ASHRAE* 七点标度的优点在于精确地指出了热感觉，而贝氏标度的特点是把热感觉和热舒适合二为一。

---

* 美国采暖、制冷与空调师学会，是国际标准化组织（ISO）指定的唯一负责制冷、空调方面的国际认证组织。

表 1-1   **Bedford 和 ASHRAE 的七点标度**

Bedford（贝氏标度）		ASHRAE热感觉标度	
7	过分暖和	+3	热
6	太暖和	+2	暖
5	令人舒适的暖和	+1	稍暖
4	舒适（不冷不热）	0	中性
3	令人舒适的凉快	−1	稍凉
2	太凉快	−2	凉
1	过分凉快	−3	冷

人体通过自身的热平衡和感觉到的环境状况，综合起来获得是否舒适的感觉即为热舒适，为一种生理和心理的双重感觉。ASHRAE Standard 54—1992 定义热舒适为：人体对热环境表示满意的意识状态。多数情况下，可以认为"中性"的热感觉就是热舒适，但热感觉和热舒适确是两个不同的概念，热感觉与皮肤热感受器的活动相关，而热舒适则是身体调节的一种反应，是随着热不舒适的部分消除而产生的。由于两者分离现象的存在，实验研究人体热反应时往往同时设置热感觉和热舒适投票。表 1-2 为评价热舒适程度的热舒适投票（TCV）和评价热感觉程度的热感觉投票（TSV）。

表 1-2   **热舒适投票 TCV 和热感觉投票 TSV**

热舒适投票（TCV）		热感觉投票（TSV）	
4	不可忍受	+3	热
3	很不舒适	+2	暖
2	不舒适	+1	稍暖
1	稍不舒适	0	正常
0	舒适	−1	稍凉
		−2	凉
		−3	冷

1.2.3 室内空气品质

室内空气品质的定义经历了许多变化，最初将室内空气品质几乎完全等价于一系列污染物浓度指标，这种纯客观的定义不能充分反映室内空气品质对人的影响，该缺点逐渐为人们所共识，在 1989 年，丹麦的范格尔（P.O.Fanger）教授提出了一种空气品质的主观判断标准：空气品质反映了人们的满意程度。但这种主观的定义却由于一些无色无味有害成分的存在，使得人们很难在短期内对室内空气品质做出合理的评价。针对这一矛盾，ASHRAE 1998 年颁布的 ASHRAE 62—1989《满足可接受室内空气品质的通风》中兼顾了室内空气品质的主观和客观评价，给出的定义为：良好的室内空气品质应该是

"空气中没有已知的污染物达到公认的权威机构所确定的有害物浓度指标，且处于这种空气中的绝大多数人（≥80%）对此没有表示不满意。"

随着工业革命和城市的发展，室外空气污染对于人类健康的威胁已广为人知，早在14世纪，就有颁布关于烟尘排放的法律，但是直到20世纪60年代，室内污染对于人类健康的影响才引起人们的广泛关注，才开始有一系列针对室内空气品质的测试和研究。随着现代社会的发展，新型合成材料在现代建筑中的广泛应用，散发有害气体电器产品的大量使用，传统空调系统的固有缺点以及系统设计和运行管理的不合理，强调节能导致的建筑密闭性增强和新风量减少，室外空气污染的日益严重等一系列原因使得室内空气品质的研究越来越受到重视，成为建筑环境科学领域的一个重要组成部分。

造成室内空气品质低劣的主要原因是室内空气污染，一般分为三类：物理污染、化学污染和生物污染。

（1）化学污染：主要为有机挥发性化合物和有害无机物引起的污染。有机挥发性化合物包括醛类、苯类、烯等300多种有机化合物，其中最主要的是甲醛、甲苯、二甲苯等芳香族化合物，它们主要来自建筑装修或装饰材料。无机污染物主要为氨气、CO_2、CO、NO_x、SO_x等，其主要来自室内燃烧产物。在以上众多污染物中，CO是最为严重的污染物之一。CO是燃烧不完全的产物，无色无味且有极强的毒性，如果没有检测器，人们是很难察觉到CO的存在，这使得CO中毒在全世界成为一个很大的问题，针对是否在室内加入CO报警的标准也经过了多次讨论，ASHRAE 62.2—2013对设置CO报警做出了明确规定。表1-3显示了暴露在不同CO浓度和不同时间长度下人体的受伤害程度。

表1-3　　　暴露在不同CO浓度和不同时间长度下人体的受伤害程度

CO浓度（mg/m^3）		COHb*浓度（%）	人体反应
229	1145		
1h	20min	10	运动负荷降低
7h	45min	20	呼吸困难，头痛
	75min	30	严重头痛、无力、眩晕、视力衰退、判断力混乱、恶心、呕吐、腹泻、脉搏加快
	2h	40~50	意识混乱、摔倒、痉挛
	5h	60~70	昏迷、痉挛、脉搏变慢、血压降低、呼吸衰竭甚至死亡

*　碳氧血红蛋白。

（2）物理污染：主要指灰尘、重金属和反射性氡、纤维尘和烟尘等。

（3）生物污染：细菌、真菌和病毒引起的污染。

为了有效控制室内污染、改善室内空气品质，需要对室内污染的全过程有充分而全面的认识，室内空气污染有污染源散发，在空气中传递，当人体暴露于污染空气中时，即对人体产生不良的影响。室内空气污染的控制可以通过三种方式实现：源头治理、通新风稀释和合理气流组织以及空气净化。源头治理是根本之法，消除污染源，减少污染源散发强度，污染源附近局部排风都可有效控制室内污染；通风和合理化气流组织应该在设计中予以重点考虑，适宜的新风量和合理的气流组织对改善空气品质有着很大的帮助；空气净化是控制室内空气污染的必要手段，目前空气净化的方法有很多，主要包括过滤器过滤、活性炭吸附、纳米光催化降解、臭氧法、紫外线照射法、等离子体净化和植物净化等，设计时可以根据不同的需要选择不同的方式。最为常见的空气净化方法即为过滤器过滤，其主要功能是处理空气中的颗粒污染，表1-4为常用过滤器的性能指标。

表 1-4　　　　　　　　　　　　常用过滤器的性能指标

过滤器类型	有效捕集粒径（μm）	适应的含尘浓度	过滤效率（%）		
			质量法	比色法	DOP法
初效过滤器	>5	中~大	70~90	15~40	5~10
中效过滤器	>1	中	90~96	50~80	15~50
亚高效过滤器	<1	小	>99	80~95	50~90
高效过滤器	≥0.5	小	不适用	不适用	95~99.99
超高效过滤器	≥0.1	小	不适用	不适用	99.999
静电集尘器	<1	小	>99	80~95	60~95

1.2.4　室内空气质量标准

GB/T 18883—2002《室内空气质量标准》中的控制项目包括室内空气中与人体健康相关的物理、化学、生物和放射性等污染物控制参数，见表1-5。

表 1-5　　　　　　　　　　《室内空气质量标准》中主要控制指标

参数	标准值	备注
温度（℃）	22~28	夏季空调
	16~24	冬季采暖
相对湿度（%）	40~80	夏季空调
	30~60	冬季采暖
空气流速（m/s）	0.3	夏季空调
	0.2	冬季采暖
新风量[m^3/（h·人）]	30	1h均值
二氧化硫（mg/m^3）	0.5	1h均值
二氧化氮（mg/m^3）	0.24	1h均值
一氧化碳（mg/m^3）	10	1h均值
二氧化碳（%）	0.10	日均值
氨（mg/m^3）	0.20	1h均值
臭氧（mg/m^3）	0.16	1h均值
甲醛（mg/m^3）	0.10	1h均值

参数	标准值	备注
苯（mg/m³）	0.11	1h 均值
甲苯（mg/m³）	0.20	1h 均值
二甲苯（mg/m³）	0.20	1h 均值
苯并芘（mg/m³）	1.0	日均值
可吸入颗粒（mg/m³）	0.15	日均值
总挥发性有机物（mg/m³）	0.60	8h 均值
细菌总数（cfu/m³）	2500	依据仪器定
氡（Bq/m³）	400	年平均值

1.3 办公建筑常用空调系统

现代办公性的建筑中的空调占建筑总空调面积的比重非常大。目前，这类建筑的空调方案大体上常用如下几种。

（1）分体式空调；

（2）VRF（变制冷剂流量）系统；

（3）风机盘管加新风系统；

（4）定风量空调系统（CAV）；

（5）变风量空调系统（VAV）。

1.3.1 分体式空调

分体式空调由室内机和室外机组成，分别安装在室内和室外，中间通过管路和电线连接起来的空气调节器。安装方式有壁挂式、立柜式、吊顶式、嵌入式、落地式。

分体式空调具有如下优点：

（1）成本低、占地面积小、使用灵活；

（2）噪声低；

（3）安装检修方便；

（4）经济、实用、耐用。

分体式空调主要缺点：不够美观，甚至影响建筑造型，没有新风，室内空气品质较差。

1.3.2 VRF 系统

VRF（Variable Refrigerant Flow）系统，为变制冷剂流量多联系统，即控制制冷剂流通量并通过制冷剂的直接蒸发或直接冷凝来实现制冷或制热的空调系统。该系统出现始于 20 世纪 80 年代，其特点是设计安装方便，布置灵活多变，占用空间小，使用方便；相对于大型集中空调系统，其无大容量的风系统和水系统，输送能耗低，综合运行费用低；制冷剂管路较长，制冷剂泄漏量较大；在新风量不能保证的情况下要考虑设置新风系统。

1.3.3 风机盘管加新风系统

风机盘管加新风系统是最为常用的一种半集中式空调系统，由风机盘管和新风系统组成。

风机盘管式空调系统由风机盘管机组、新风机组和冷热源供应系统组成。风机盘管机组由风机、盘管和过滤器组成，它作为空调系统的末端装置，分散地装设在各个空调房间内，可独立地对空气进行处理，而空气处理所需的冷热水则由空调机房集中制备，通过供水系统提供给各个风机盘管机组。

该系统的新风系统方式有多种，主要有：靠室外空气渗入的自然补给新风、墙洞引入的直接补给新风以及独立的新风处理系统。

风机盘管空调系统的主要优点：

（1）各空调区域的个别控制，温度满足个性化需求；

（2）风机能耗较小；

（3）布置、安装较为简单和方便。

风机盘管空调系统的主要缺点：由于机组设置在室内，受噪声限制，风机静压小，不能使用高性能的过滤器，使得室内空气的洁净度不高；由于盘管排数一般只有2~3排，去湿能力有限，较高的湿度影响人体的舒适性，同时也有益于微生物的生长；水系统的供回水管包括冷凝水管道都需要引入室内，漏水问题是电气设备、纸质文件等潜在的威胁；机组相对分散，维修工作量较大，且维修工作影响办公区的正常使用；过渡季节无法实现全新风运行，节能性差。

1.3.4 定风量空调系统

早期欧美国家的办公建筑采用全空气定风量空调系统，在末端设置再热实现对空调区域的温度和湿度控制。全空气系统的空气过滤等级高，去湿能力强，定风量系统也能控制空调区域的新风量和换气次数，因此送入室内的空气品质好。其缺点在于各区域不可单独控制，部分负荷时风机不能变频，设置再热末端的系统会因为冷热抵消而不节能。

定风量全空气系统由于其较好的空气品质、造价较低和控制简单等一系列优点而被广泛的应用于大空间空调区域中。

1.3.5 变风量空调系统

由前所述，变风量空调系统的主要原理是根据室内负荷变化或室内要求参数的变化，保持恒定送风温度，自动调节空调系统送风量，从而使室内参数达到要求。由于建筑物的负荷大部分时间处于部分负荷状态，因此，变风量系统减少送风量满足室内负荷需求的方式大大地降低了风机能耗，实现了节能。

VAV系统有如下优点：

（1）节约风机运行能耗和减少风机装机容量。有关文献介绍，VAV系统与CAV系统相比可以节约风机耗能30%~70%，对不同的建筑物同时使用系数可取0.8左右；

（2）可以实现各空调区域的个别控制，满足空调个性化需求；

（3）属于全空气系统，室内环境参数及空气品质可以得到有效的保证；

（4）系统的灵活性较好，易于改、扩建，尤其适用于格局多变的建筑；

（5）相对于风机盘管系统无冷凝水引起的吊顶污染和军团菌问题；

（6）智能化程度高，可实现集中监控与在线优化运行。

虽然 VAV 系统有很多优点，但是伴随着 VAV 系统的应用，由于设计或施工、调试不当造成很多系统或多或少地也暴露出一些问题。

从用户的角度看，主要有：

（1）缺少新风，换气次数少，室内人员感到憋闷；

（2）房间内正压或负压过大导致室外空气大量渗入，房门开启困难；

（3）室内噪声偏大（多为动力型末端）。

从运行管理方面看，主要有：

（1）系统运行不稳定，未达到设计目标参数及控制策略；

（2）节能效果不明显。

对于空调系统来说，实现空调区域的舒适性是首要追求的目标，但同时，在当代，节能也已成为一个不可忽视的必须予以重视的主题。由于可以按照负荷变化进行风量及冷量供给的按需调节，其在节能方面的理论可行性和实践潜力毋庸置疑，尽管在运行的实际案例中或多或少的存在一些问题，但其应用前景在提倡节能的时代背景下还是趋于乐观的，中国引入变风量系统的时间并不长，还需要在更多的实践中去积累变风量系统的设计、施工、管理等方面的经验和规律。

第2章

变风量空调系统设计

2.1 变风量空调系统设计原则

变风量空调系统是全空气系统的一种形式，与定风量空调系统和风机盘管加新风系统相比，变风量空调系统具有区域温度可控、室内空气品质好、部分负荷时风机可变频调速运行和利用自然新风冷却等优点。

常用集中冷热源舒适型空调系统比较见表2-1。

表2-1　　　　　　　　　　常用集中冷热源舒适型空调系统比较表

比较项目	全空气系统		空气—水系统
	变风量空调	定风量空调	风机盘管+新风系统
优点	（1）区域温度可控制； （2）空气过滤等级高； （3）部分负荷时风机可实现变频调速节能运行； （4）可变新风比，利用自然冷源节能	（1）空气过滤等级高； （2）可变新风比，利用自然冷源节能； （3）初投资较小	（1）区域温度可控； （2）空气循环半径小，输送能耗低； （3）初投资小； （4）安装所需空间小
缺点	（1）初投资大； （2）设计、施工和管理较复杂； （3）调节末端风量时对新风量分配有影响	（1）系统内区域温度不可单独调控； （2）部分负荷风机不可实现变频调速节能	（1）空气过滤等级低，空气品质差； （2）新风量一般不变，难以实现新风自然冷却节能； （3）室内风机盘管存在滋生细菌、霉菌与出现"水患"的可能性
适用范围	（1）区域温度控制要求高； （2）空气品质要求高； （3）高等级办公、商业场所； （4）大、中、小型空间； （5）智能化管理要求高	（1）区域温控要求不高； （2）大厅、商场、餐厅等场所； （3）大、中型空间	（1）室内空气品质要求不高； （2）有区域温度控制要求； （3）普通等级办公、商业场所； （4）中、小型空间

在实际工程应用中，应根据具体情况确定是否采用变风量空调系统，以达到舒适、节能以及节省投资的目的。

（1）在变风量方案选择时，建议根据建筑规模、建筑功能等项目情况，将各因素（如

舒适度、噪声水平、吊顶空间要求、维护管理要求、初投资和寿命周期成本等）进行逐项打分，最终根据各方案的得分来确定选用的系统方案。

（2）各个温控区域均需根据建筑物朝向、形状特点、外围护结构的热工特性等进行详细的逐时负荷计算，不能简单使用估算法计算空调负荷。

（3）根据各个温控区域的逐时负荷、建筑空调机房布置等因素确定空气处理机组的数量及系统分区。系统分区应尽可能利用不同朝向之间的峰值负荷时间差或实际使用峰值负荷的时间差来实现负荷的动态转移，减少空气处理机组的容量。

（4）变风量空调系统选择时应考虑系统的节能性、可调性、气流组织、供热能力及噪声要求。如，项目采用冰蓄冷等低温冷源，且建筑层高受限时，可考虑采用低温送风变风量空调方式；若吊顶空间受限，且有条件设较高的架空地板层时，可考虑采用地板送风变风量空调方式。

（5）应根据单个变风量系统的设计规模、末端形式、控制器形式、舒适度要求和节能需求等因素，综合考虑后采用合适的变风量控制策略，并提出详细的控制策略接口表，需暖通和自控人员共同参与编制和调试相关控制程序。

与变风量空调系统相关的绿色建筑评价条文：变风量空调系统在设计时，会按照朝向、功能等进行分区设置和控制，且其空气处理机组及冷热水输送水泵均采取变频控制，能满足 GB/T 50378—2014《绿色建筑评价标准》中 5.2.8 条的第 1、3 点要求，一共可得 6 分。

具体评价条文如下：

5.2.8 采取措施降低部分负荷、部分空间使用下的供暖、通风与空调系统能耗。

按下列规则分别评分并累计：

（1）区分房间的朝向，细分供暖、空调区域，对系统进行分区控制，得 3 分；

（2）水系统、风系统采用变频技术，且采取相应的水力平衡措施，得 3 分。

美国 LEED V4 评价体系[*] 中，在进行能耗模拟时，相对于定风量空调系统（Baseline），采用变风量空调系统有利于提高建筑的综合节能率，使评价体系中能源与大气环境（Energy and Atmosphere）章节的第 1 个得分点"优化能耗性能（Minimum Energy Performance）"方面得 1~2 分。

2.2　变风量空调系统分区设计

2.2.1　送风温度选择

一般常温变风量系统送风温度范围为 12~16℃。对于安装空间有限、要求提高空调除湿能力、降低初投资和运行费用的项目，经综合技术经济性比较，可以采用较低的送风温度，如 6~11℃。地板送风变风量空调系统的送风温度为 16~18℃。

空调系统分类及所需制冷剂温度见表 2-2。

---

* 美国 LEED 体系是一个国际性绿色建筑认证体系。2012 年 5 月，美国绿色建筑委员会（US Green Building Council，USGBC）公布了其绿色建筑评估体系——能源与环境设计先锋奖（Leadership in Energy and Environmental Design，LEED）第 4 次征求意见稿，即 V4 版本。LEED V4 版已于 2013 年 11 月开始正式实施，以取代 2009 年 4 月发布的 LEED V3 版本。

空调系统类型	送风温度（℃）		进入盘管制冷剂温度（℃）
	范围	名义值	
常温送风系统	12~16	13	7
低温送风系统	9~11	10	4~6
	6~8	7	2~4
	≤5	4	≤2

表 2-2　空调系统分类及所需制冷剂温度

　　当有不大于6℃的低温水可供利用时，采用低温送风系统可以降低建筑层高、设备投资和运行费用，以及提高房间热舒适性。低温送风往往结合变风量空调系统来实现。

　　送风温度的确定是低温送风系统设计的关键，对于低温送风系统而言，如何确定最优的设计送风温度需要考虑诸多因素，如制冷机房能提供的冷水温度，不同供水温度对于制冷系统效率带来的影响，室内要求的相对湿度，变风量末端类型和送风口形式等。若冷源系统采用冰蓄冷，则还需考虑冰蓄冷系统的流程，系统能提供的冷水温度范围。要确定一个最佳的设计送风温度，可能需要很多复杂的综合计算和对比。

　　应该指出，一个项目是否选择采用低温送风系统，需进行空调系统的综合能耗分析。对于常规冷源系统而言，为了增大送风温差而选择较低的送风温度并非一定合理。一方面，较低的送风温度，可降低风机及供冷循环水泵的能耗；但另一方面，较低的制冷机组供水温度会降低机组的性能系数，甚至制冷机组增加的能耗会超过风机及水泵节约的能耗。因此，常规冷源系统采用低温送风系统时，其送风温度需进行权衡分析。对于采用冰蓄冷的系统，由于可以较便捷的获得较低的送风温度，因此，采用低温送风系统可以提高空调系统的整体能效。

2.2.2　系统分区和负荷计算

　　变风量空调系统设计的基本思路是对各类负荷进行分区计算。

　　第一步是内、外区负荷分区计算。内、外区空调负荷的差异并非变风量空调系统特有，在舒适度要求较高的大型公共建筑，均需合理进行内外分区。

　　第二步是不同温度控制区域负荷计算。即不同朝向、不同功能和使用情况的温控区域的负荷分区及计算。

　　第三步是系统分区负荷计算。在温控区域负荷计算和分析的基础上，根据空调负荷差异性，可以恰当地把空调系统划分为若干个系统控制区域，也称为空调系统分区。

　　分区的目的在于使空调系统能够有效地跟踪负荷变化，改善室内舒适度和降低空调系统能耗。根据建筑使用功能和负荷情况进行合适的系统分区对变风量空调系统设计非常重要，是变风量空调系统设计中的一个关键环节，不同的系统分区直接影响变风量空调机组的选型、末端装置的选用、气流组织的设计、风管和水管的布置、自控方式的选择等。

1. 内、外分区

　　在许多项目，尤其是建筑进深比较大的项目中，往往需要根据空调负荷是否受到建

筑围护结构传热负荷的影响将整个建筑的空调区域划分为内区和外区。外围护结构负荷一部分来自对流换热，另一部分来自外窗、外墙内表面与人体及其他室内物体表面进行的辐射换热。而辐射换热随距离增加而减小，当某区域受外围护结构的辐射换热影响小到可以忽略时，就可认为是内区。

实际项目中内外分区的界限，设计者一般是根据经验而定。在欧洲和日本一般进深超过 5m，则进行空调分区；国内一般情况下，进深超过 8m 时，进行分区；在美国，空调分区系统中有外区面积越来越小的趋势。分区的界限主要受室外气象参数、围护结构热工性能及内扰的影响，由于计算机等现代办公设备的广泛使用使得内区的散热也越来越大，这样负荷受外围护结构及室外参数的影响逐渐减少，因此适当减小外区的面积可以使温度分布更均匀并减少不必要的能耗。但是，需要注意的是，不应使某一区域的换气次数过大，外区的进深如果划分得过窄的话，就可能使得外区的空调送风换气次数过大，从而产生吹风感，影响舒适度。一般建议，距离外墙 3~4m 的区域作为外区。

根据建筑平面布置和朝向不同，内、外区的划分可分为以下几种类型，如图 2-1 所示。

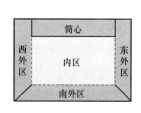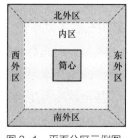

图 2-1　平面分区示例图

2. 温度控制分区

在内、外分区的基础上，需按照房间隔断、使用情况和装修分隔等因素，将内区或外区再进行细化，划分为若干个温度控制区。

在不设房间隔断的大开间办公区域，一般采用建筑模数进行温度控制区划分，根据目前变风量末端装置的常用规格，每一个末端控制的内区温控区宜为 50~80m²，外区温控区宜为 25~50m²。温度控制区域设置过大，难以满足该区域内各方位区域的温度要求，温度控制均匀性较差，而且对于带动力的变风量末端而言，还需考虑变风量末端风量过大带来的噪声问题，需进行详细的噪声计算再决定是否采用大风量的末端装置；温度控制区过小，变风量末端数量增加，一方面会增加投资，另外需核算变风量末端是否长期处于小风量下运行，造成温度控制精度不高。因此，划分温度控制区的主要原则有：

（1）不同使用功能和使用用途的房间，应划分成不同的温度控制区，如办公室、会议室、接待室和计算机房等；不同负荷性质的区域，不仅应划分成不同温度控制区，而且最好采用不同的系统分区，如常规的办公采用一个系统分区，具有特殊要求的计算机房或工艺空调房采用一个系统分区。

（2）室内温度控制要求相同的房间可以采用同一个温度控制区，室内温度控制要求不同的房间不应采用同一个温度控制区。

（3）当一个房间同时具备内区和外区，且面积不大，为减少投资，可以采用同一个温度控制区，如采用一台变风量末端装置同时为该房间的内区和外区服务。

（4）处于不同使用时间的房间宜采用不同的温度控制区。

3. 变风量空调系统分区

当空调进行内、外分区且进一步地细化温度控制分区后，就可以进行系统分区。系统分区情况会直接影响到变风量空调系统的热舒适性、能耗以及未来使用的灵活性，一般来说，变风量空调系统的分区越细，相应的温度控制性能就越好，对未来隔断改变的适应性也相应越好，出现过冷或过热的可能性就越小，但是由于增加了分区和对应的变风量设备，系统投资会相应增加。因此，在对变风量空调系统进行分区时，必须综合考虑热舒适性和系统的投资情况，以便合理确定具体的分区形式。

应综合考虑能耗、投资、舒适性等因素，确定系统规模，典型的系统分区大小一般为 500~2000m²，空气处理机组的送风量一般为 10000~40000m³/h。

4. 典型办公区域系统布置与设备配置特点

（1）内外分区共用一个空调系统（见图 2-2）。

每层设一个系统，为内外区末端共用，属中型系统；系统空调面积为 1000~2000m²；风量为 20000~40000m³/h；内区采用单风道，外区末端带再热或另设加热装置；因各朝向为同一送风温度，要求外区末端的风量调节范围较大。为避免系统过大，也有些系统每层筒芯设置两台空气处理机组，送风管道成环形布置，共同承担本层全部送风需求。同时也提高了系统的可靠性，当一台停止运行时，另一台需要向所有末端送风，但是控制系统需要做相应切换。

内外区共用空调系统末端设备设置方式及特点见表 2-3。

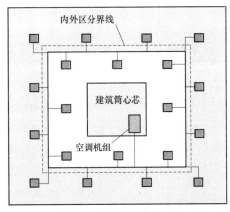

图 2-2　内外区共用空调系统分区布置示意图

表 2-3　　　　　　　　内外区共用空调系统末端设备设置方式及特点

序号	内区设备	外区设备	特点
1	单风道型	单风道型 + 风机盘管	（1）外区风机盘管夏季不开，解决凝结水问题； （2）外区风机盘管冬季运行时存在噪声问题
2		单风道型带再热盘管	（1）噪声低，系统简单； （2）用于采暖负荷较小、楼层较低的场所； （3）需铺设再热水管
3		并联式风机动力型带再热盘管	（1）外区并联末端带再热盘管，冬季运行时开启风机，噪声略大； （2）需铺设再热水管

序号	内区设备	外区设备	特点
4	单风道型 （低温送风）	（1）单风道型带再热盘管； （2）单风道型＋风机盘管或窗际散热器； （3）并联式风机动力型带再热盘管	（1）低温送风系统降低空调送风量和提高空调舒适性，减少空调系统送风； （2）冬季采用风机盘管或窗际散热器承担大部分外区负荷，单风道末端提供新风和承担部分负荷，散热器辐射采暖提高系统舒适性； （3）低温送风系统降低投资

（2）内外分区采用多个空调系统（见图2-3）。

每层设2~4个VAV系统，并划分为内区和外区系统，属小型系统；系统空调面积为500~1000m²；风量为10000~20000m³/h；内区采用单风道，外区末端带再热或另设加热装置；外区末端的风量调节范围可减小，不使用的区域可灵活关断。

内外区采用多个空调系统末端设备设置方式及特点见表2-4。

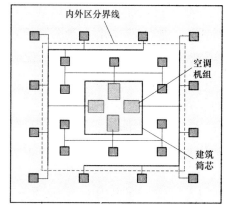

图2-3　内外区采用多个空调系统分区布置示意图

表2-4　　　　内外区采用多个空调系统末端设备设置方式及特点

序号	内区设备	外区设备	特点
1	单风道型	单风道型＋风机盘管	（1）外区风机盘管夏季不开，解决凝结水问题； （2）外区风机盘管冬季运行时噪声较大
2	单风道型	单风道型	（1）噪声低，系统简单； （2）用于采暖负荷较小、楼层较低的场所
3		并联式风机动力型	（1）外区并联式风机动力型VAV-TMN冬季运行时开启风机，噪声略大； （2）不需铺设再热水管
4	单风道型 （低温送风）	（1）单风道型； （2）单风道型＋风机盘管或窗际散热器	（1）低温送风系统降低空调送风量和提高空调舒适性，减少空调系统送风； （2）冬季采用风机盘管或窗际散热器承担一部分显热负荷，单风道VAV-TMN提供新风和承担部分负荷，散热器辐射采暖提高系统舒适性； （3）低温送风系统降低投资

（3）无内外分区的空调系统（见图2-4）。

每层设1~2个VAV系统，均为外区，属小型或中型系统；系统空调面积为500~1500m²；风量为10000~30000m³/h；采用单风道末端装置；末端装置的风量调节范围较大。

无内外分区的空调系统末端设备设置方式及特点见表2-5。

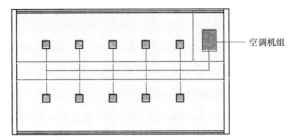

图 2-4 无内外分区的空调系统布置示意图

表 2-5　　　　　　　　　无内外分区的空调系统末端设备设置方式及特点

序号	房间设备	特点
1	单风道型 + 风机盘管	（1）风机盘管夏季不开，解决凝结水问题； （2）风机盘管冬季运行时噪声较大
2	单风道型 （不带热水或带热水盘管）	（1）噪声低，系统简单； （2）用于采暖负荷较小、楼层较低的场所
3	并联式风机动力型 （不带热水或带热水盘管）	（1）并联式风机动力型 VAV-TMN 冬季运行时开起风机，噪声略大； （2）是否需要再热水管，根据需要定
4	单风道型（低温送风）+ 风机盘管或窗际散热器	（1）低温送风系统降低空调送风量和提高空调舒适性，减少空调系统送风； （2）冬季采用风机盘管或窗际散热器承担约部分显热负荷，单风道型 VAV-TMN 提供新风和承担部分负荷，辐射采暖提高系统舒适性； （3）低温送风系统降低投资

5. 室内温、湿度设计

变风量空调系统的室内温湿度的设计基本同常规空调系统，但值得注意的是对于存在内、外区的系统，冬季供热时存在内、外区之间的冷、热气流混合，为防止混合损失，外区冬季设计温度应比内区低 1~2℃，降低外区温度也有利于减少外区热负荷和加热设备容量。并且，运行时也应按照设计温度进行内、外区的温度设定，保证按设计工况运行。因此，办公建筑常规送风系统室内空气设计温度：夏季一般为 24~26℃，冬季外区为 18~20℃，内区为 20~22℃。

低温送风系统空气处理机组的机器露点和送风温度明显低于常规空调系统，因此在相同的热湿比下，室内相对湿度明显低于常规空调系统，甚至可以降低到 40% 左右。夏季工况下，低相对湿度有利于改善室内热舒适性，因此，低温送风空调系统室内空气设计参数推荐采用：干球温度 25~26℃，相对湿度 40%~50%。

2.3　变风量空调负荷计算

2.3.1　空调负荷的定义

冷负荷：在某一时刻为保持室内环境要求的温度和湿度，需要向室内供应的冷量（或需要从室内移除的热量）称为冷负荷。

热负荷：在某一时刻为保持室内环境要求的温度和湿度，为了补偿房间失热而需向房间供应的热量。

湿负荷：为了维持室内的相对湿度所需由房间除去或者增加的湿量。

2.3.2 空调负荷的组成

空调负荷在不同的时刻差别很大，主要取决于外部因素（如室外温度、太阳辐射强度等）和室内因素（如室内人员、灯光、设备等）。

冷负荷是由以传热、对流、辐射形式的热传递过程，通过围护结构、室内热源以及系统产生。

空调区的夏季冷负荷，应该根据下述各项热量的种类、性质以及空调区的蓄热特性，分别进行逐时转化计算，确定出各项冷负荷，然后逐时叠加，找出综合最大值，即为房间的最大冷负荷。

（1）通过围护结构传入的热量。

（2）透过透明围护结构进入的太阳辐射得热量。

（3）人体散热量。

（4）照明散热量。

（5）设备、器具、管道及其他内部热源的散热量。

（6）食物或物料的散热量。

（7）渗透空气带入的热量。

（8）伴随各种散湿过程产生的潜热量。

上述各项的热量实际上是指进入空调房间的得热量，当热量进入室内后，室内各表面以及空气之间发生复杂的对流、传导和辐射热交换，最终形成空调负荷。因此，对房间空调负荷进行详细计算是一项十分复杂、烦琐的工程：不仅计算进入房间的各种类型的得热量，还要考虑每种得热类型之间的辐射与对流的交互作用以及围护结构的热工特性蓄热与放热。正是由于负荷形成过程的复杂性，出现了各种负荷计算模型并将计算工程加以简化，同时对输入数据提出了一定的要求，逐步形成了动态负荷的计算方法。

2.3.3 变风量空调负荷计算

外区空调负荷包括：外围护结构冷负荷或热负荷及内热冷负荷。外围护结构负荷主要通过外窗、外墙内表面与人体及其他室内物体表面的辐射换热传递的；内区空调负荷主要是内热冷负荷，它随内区照明、设备和人员发热变化而变化，通常需要全年供冷。

对于定风量空调系统而言，由于送到每个房间的风量和系统总风量都是固定的，没有风量调节装置，因此无论是房间还是系统，均按最大负荷来设计风量。而对于变风量空调，则可以适应一天中同一时间各朝向房间的负荷并不都处于最大值的特点，空调系统的总送风量可以在建筑物内各个朝向房间之间进行转移，从而系统的总送风量可以减少。实际工程的设计计算表明，在负荷相同的情况下，与定风量空调系统相比，变风量空调系统的送风量可减少10%~20%。这样，空调系统的容量可以减少，从而降低设备费用的投资和运行费用。

因此，将建筑进行温控分区，进而进行空调分区，再计算该空调分区系统的综合冷负荷，最后计算整个建筑物的综合冷负荷。空调系统（或分区）的负荷值将决定着空气处理机组的容量,而整个建筑物的负荷值将决定着制冷主机(或冷源中心)的设备容量,这是变风量空调系统在负荷计算中的一个特点。

对于低温送风系统而言,室内参数确定后可以进行房间负荷计算,计算方法同常温送风系统,但由于低温送风系统的特殊性,需综合考虑多方面的影响,主要有以下两个方面:

(1)由于低温送风系统的室内干球温度可较常温送风系统提高,因此显热冷负荷略低。

(2)低温送风与常温送风采用的新风量绝对值相等,且采用低温送风后由于室内相对湿度下降,新风负荷比常规系统稍大,处理潜热负荷略大。

2.3.4　空调负荷计算软件

根据前一节对空调负荷计算原理的论述,可以看到空调负荷计算模型成熟。但是,通过手工计算已经不能适应社会高速发展的需要。相对成熟的负荷计算软件得到广大设计工程师的认可,基于谐波反应法开发的"HDY-SMAD空调负荷计算及分析软件"是应用比较广泛的计算软件。

"HDY-SMAD空调负荷计算及分析软件"的计算方法包含了谐波反应法和冷负荷系数法,用户可以选择不同的计算类型,选用与之相对应的计算方法。根据方案设计、初步设计、施工图设计等不同阶段分为简单估算、空调负荷分项估算、空调负荷详细计算、空调负荷逐月计算、空调负荷逐日计算、采暖负荷详细计算、采暖负荷逐月计算、采暖负荷逐日计算等计算选项。前面两种计算方法主要是采取指标进行估算,后面的六种计算方法需要设置很详细的参数进行比较精确的计算。具有以下主要特点:

(1)气象资料库丰富。HDY-SMAD软件拥有强大的气象资料库、多种可选的设计类型、操作简单快捷、编辑修改方便、输出样式多样化等。软件包含了4套气象资料集:

1)GB 50736—2012《民用建筑供暖通风与空气调节设计规范》气象数据集。

2)中国建筑热环境分析专用气象数据集。

3)规范GB 50736—2012气象数据集。

4)EnergyPlus气象库。

包含了全年的温度参数、太阳辐射强度、逐时的气象参数。界面上的气象资料数据可以根据需要进行修改,支持全年气象资料文件的导出和导入。

(2)围护结构库丰富。包含了丰富的围护结构数据库,加入了多个地方标准的围护结构供计算时选择使用,也可以自己根据各个材料层进行组合计算其热工参数。

(3)设计类型多样化。软件包含了空调负荷简单估算、空调负荷分项估算、空调负荷详细计算、空调负荷逐月计算、空调负荷逐日计算、采暖负荷详细计算、采暖负荷逐月计算和采暖负荷逐日计算。各种设计类型的房间参数共用,只需切换设计类型,不需要再次输入建筑参数。

(4)操作界面友好。界面排列清晰明了,左侧为建筑结构参数,中间为元素栏,右侧是房间具体信息,添加元素的方式很简单,只需选中并点击添加元素即可。不需要三维建模,只需要输入建筑房间围护结构的尺寸信息、室内设计工况,即可得到负荷。符合大家常规的操作习惯,支持鼠标右键的一些基本剪切、复制的操作。

（5）房间制冷、热选择。不同于其他负荷计算软件，用户可以自行决定某个功能房间的制冷和制热是否同时计算，例如游泳池，一般夏季是不需要制冷，只需冬季制热，那么夏季的冷负荷就不用统计到整个建筑的总负荷中，而冬季需要时，用户只需在软件界面勾选该房间为供热房间即可。

（6）数据即时查看。可以随时查看某个构件的负荷具体信息，例如墙体、窗户、房间、楼层等的具体负荷情况。只需要在左侧的树形结构下选中所需查看的元素，单击左下角的"最大负荷"按钮即可，也可以查看到对应的负荷曲线图。

（7）负荷数据可灵活统计。在元素栏里有一个"子树"的元素，该元素可以实现对任意房间的负荷进行汇总，不限于同楼层、同建筑，使得负荷统计结果更加灵活。例如：某建筑，既用了风机盘管系统，又用到全空气系统，人们需要按照空调系统的类型来对负荷进行统计。用户可以通过软件里"子树"元素的设置，统计不同空调系统下面的各个房间的总负荷。

（8）扩展功能。针对特殊需求提供特殊应用的附加功能。可显示建筑日能耗、全年负荷曲线、房间峰值负荷及全年能耗、季节性图表、温控型曲线等。

（9）时间表。对于各种热源都设置了独立的时间表，比例根据需要进行设置，便于调节各个时间点下不同热源产生的负荷。按照 GB 50189—2015《公共建筑节能设计标准》的规定，对不同建筑类型中的人员在室率、设备使用率以及照明功率值进行设置。

（10）划分系统与焓湿图分析。与焓湿图软件相结合，可以将负荷计算软件中的数据直接使用到焓湿图软件，用户可以自定义划分一些系统，之后配合软件湿空气分析大师对工程建筑进行湿空气分析。包括一次回风系统、二次回风系统与风机盘管加新风系统等，继而进行工况分析，选取设备。该软件可以导入其他软件生成的三维模型，如 Revit 软件生成的 xml 文件，转换完成以后就生成了软件自有的建筑树形结构。可以方便利用云资源，能够从客户端到服务器的转变，提供了可靠、安全的数据存储中心，使得存储空间更大，计算速度更快；实现了不同设备的数据和应用共享，对设备端的要求也降低很多，可以节约硬件的采购支出。云计算可以生成不同类型的、满足设计者需要的输出报表。

（11）计算输出方便灵活。逐时气象参数的输出包括逐时干球温度、逐时湿球温度、逐时水平面上太阳辐射强度、日平均干球温度、日平均水平面上太阳辐射强度、日出与日落时间的 8760h 数据的曲线图与具体数据的输出。

在全年负荷计算基础上，可以根据需要进行分析的数据选择具体的输出，这里的数据对于地源热泵空调系统和冰蓄冷空调系统的设计有一定的辅助作用。

建筑概况、室外气象资料、室内设计参数、围护结构参数、负荷计算方法及公式、负荷详细计算参数、负荷统计数据、负荷逐时数据、空调工况分析结果、设备选择结果、楼层组管理、回风系统划分、新风系统划分等这些项目，用户可以自行选择输出项目，输出时间段。

2.4　变风量空气处理机组设计选型

变风量空气处理机组主要由送风机、冷水盘管、热水盘管（四管制）、粗效过滤器、箱体等部件组成。根据使用功能要求，可以选择增加中效过滤器、消声、加湿、杀菌等功能。空气处理机组一般应安装在空调机房内，并配置一套变风量空调智慧控制柜（内含变频器、控制器）对机组进行供电和控制，以实现空气处理机组启停、变频调节、变送风温度控制、新风调节等功能。

2.4.1　风机

第一，变风量空气处理机组的风机的特性曲线应具有平缓的特征，这样当风量减少时可以避免系统增加不必要的静压；第二，选择风机时其工作范围应处于较稳定的高效区内；第三，回/排风机应该与送风机的型号相同或为同一类型，并具有相同或类似的性能特征，这样才能保证运行时整个系统的有效匹配。

空气处理机组的风机最大风量 G_{max} 即为系统风量 G，风机最小风量 G_{min} 理论上应为系统最小负荷下的送风量，实际上为保证区域新风量、空气过滤效果和良好的气流组织，空气处理机组的风机最小风量一般为最大风量的 30%~40%，即 $G_{min}=（0.3~0.4）G_{max}$。系统最大阻力应为空气处理机组全风量下的阻力、风管全风量下的阻力及末端消耗的全压力降之和。因此，风机选型的主要原则有：

（1）风机风量应为系统设计最大风量，风机静压值应为设计风量下空调器机内阻力、风管系统阻力及末端装置、风口压力降之和。

（2）风机的风压与风量特性曲线应比较光滑。

（3）风机选型时，宜以额定风量的 80% 作为风机最高效率选择点。

2.4.2　冷、热水盘管

变风量空气处理机组的冷水盘管，需要根据空气处理机组所处理的空气量、进出表冷器的空气参数和冷负荷等进行设计选型。冷水盘管的设计选型和校核计算一般由空气处理机组厂家采用电脑程序计算，设计人员一般需提供相关计算参数，供空气处理机组厂家设计选型之用，具体有风量、冷量、进风参数和进出口水温等。

空气处理机组厂家根据电脑选型，除了提供以上设计人员提供的参数外，还通过计算提供以下数据，供设计人员参考，若不符合设计要求，则调整相关参数，具体有：

（1）出风参数：根据设计人员提供的风量、冷量和进风参数，即可得到表冷器的机器露点，一般出风温度过高，则送风温差小，不利系统节能；若出风温度低于 12℃，则需考虑按低温送风系统设计末端和风管。

（2）盘管风侧阻力：盘管风侧阻力直接影响风机选型，面风速一般在 2~2.5m/s，风速过高则空气阻力增加，一般空气侧阻力不高于 190Pa。

（3）盘管水侧阻力：盘管水侧阻力影响系统水泵扬程的确定，一般系统盘管水侧阻力在 30~50kPa。

表冷器选型参数见表 2-6。

表2-6 表冷器选型参数

项目名称	常温送风	低温送风
离开盘管的风温（℃）	12~16	6~11
进入盘管冷流体温度（℃）	7	2~6
迎面风速（m/s）	2.0~2.5	1.5~2.3
冷流体的温升范围（℃）	5	7~12
表冷器盘管排数（排）	4~6	8~10

2.5 变风量末端装置设计选型

变风量末端装置主要用于不同区域内的温度控制，工作人员通过操作装设在工作区域内的温控器调节相应变风量末端装置的风量，从而实现室内的舒适性需求，如图2-5所示。

图2-5 变风量末端装置

2.5.1 变风量末端装置分类
变风量末端装置有很多种类型，如图2-6所示。

2.5.2 不同变风量末端装置特点
目前国内最常用的是单风道型、串联式风机动力型与并联式风机动力型三种形式的变风量末端装置。

1. 单风道型

单风道型变风量末端装置主要部件包括风量传感器、箱体及附件、风阀、一体化变风量控制器（含风阀驱动器）。其工作原理是：根据室温偏差调节一次风阀的开度，改变一次风量的大小来适应负荷变化。

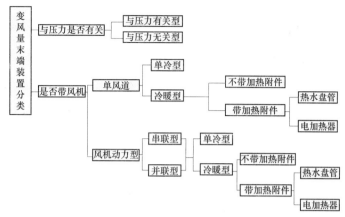

图 2-6 变风量末端装置分类图

2. 串联式风机动力型

串联式风机动力型变风量末端装置主要部件包括：风量传感器、箱体及附件、风阀、一体化变风量控制器（含风阀驱动器）、温控器以及末端风机。末端风机和空气处理机组的一次风处于相对串联的位置。当存在室温偏差时，通过调节风阀的开度来改变一次风量，以满足负荷的变化。末端风机的风量始终大于一次风量，并保持全开状态，形成室内再循环风，有效地改善了室内气流组织。

3. 并联式风机动力型

并联式风机动力型变风量末端装置主要部件包括：风量传感器、箱体及附件、风阀、一体化变风量控制器（含风阀驱动器）、温控器以及末端风机。末端风机和空气处理机组的一次风处于相对并联的位置。当存在室温偏差时，通过调节风阀的开度来改变一次风量，以满足负荷的变化。传统的设计方法是：供冷时通常不开起风机，只在供冷最小风量和供暖时才启动风机吸入空气形成室内再循环风。

几种常用的变风量末端因结构差异，其基本性能有所不同，具体特点见表 2-7。

表 2-7   **变风量末端的特点**

项目	单风道型	串联式风机动力型	并联式风机动力型
风机	无风机	连续运行	仅在供冷一次最小风量下和供热时运行
出口送风量	变化	恒定	供冷时变化，非供冷时恒定
出口送风温度	送风温度不变	送风温度变化	大风量供冷时送风温度不变；小风量供冷和供热时送风温度变化
风机风量	无	一次风量设计值的 100% ~130%	一次风量设计值的 60%
箱体占用空间	小	大	中
风机耗电	无	大	小
噪声源	仅风阀噪声	风机连续噪声 + 风阀噪声	风机间歇噪声 + 风阀噪声

2.6　变风量空调新风系统设计

变风量系统中新风量的分配和空调系统的分区形式有很大的关系，无论采用何种分区形式，在总新风量固定的情况下，各朝向的房间都会出现新风量小于设计要求的最小新风量的情况。要想让所有房间的新风量都满足要求，这时总的新风量需要加大；加大新风量可以满足所有房间的新风量要求，同时在过渡季节也会节省一部分能量；但新风量加大以后夏季和冬季又会多消耗处理新风的冷热量，因此应该选取一个全年运行模式下的最佳新风量。

例如：夏季，除了内热冷负荷外，外区变风量末端装置还承担围护结构冷负荷，它多耗用了一部分含有新风的送风量。如果仍按照系统总人数 × 新风标准来确定总新风量，内区新风量会相对不足（对于空气流通的大开间没问题，但是对于分割成小房间的系统，内区新风供给会不足），因此夏季需要附加新风量。

2.6.1　分散处理方式

新风通过变风量空气处理机组从机房或就近外围护结构的进风口吸入，与系统回风混合并处理后再送入各个空调区域。

在该方式下，新风由变风量空气处理机组（单、双风机系统均可）自行、分散地从外围护结构上的百页口吸入并进行处理；由于具备全新风运行的条件，在排风量与新风量匹配的条件下可实现变新风比运行；空调箱风量变频调小时，进口负压值也会减小，导致新风量减小，常在新风进风管上设风量传感器，反馈小新风量，或者采用回风管 CO_2 浓度控制新回风阀的开度；机房一般需有直接对外的百页进风口（见图 2-7）。

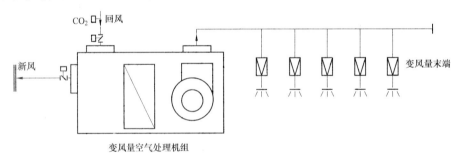

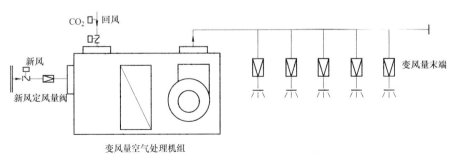

图 2-7　新风分散处理方式图

2.6.2 集中处理方式

高层建筑标准层的空调机房一般设置在核心筒，各标准层通常不单独设置对外的新风和排风口，因此一般采用新风集中处理方式。集中新风处理机组一般设置在屋顶层、避难层或地下层的设备机房内，并且就近集中开设对外的新风和排风口。新风经新风机组处理后送至各个楼层的新风入口，在楼层空气处理机组内与回风混合后进行热湿处理，如图2-8所示。集中新风系统负担了大部分新风负荷，使楼层空调器负荷比较稳定；楼层空调器变频调速时，对本系统新风量有影响，一般在新风管上设定风量阀以保证新风量；另外，受竖向管道井空间的限制，集中新风系统分配到各层的新风一般只能满足最小新风量，很难大幅度增加，因此难以实现较大幅度的变新风比运行。但是，也可以另外加设一路新风支管，该新风支管上配置电动开关阀，在过渡季节打开，可以实现50%~70%新风比的要求。

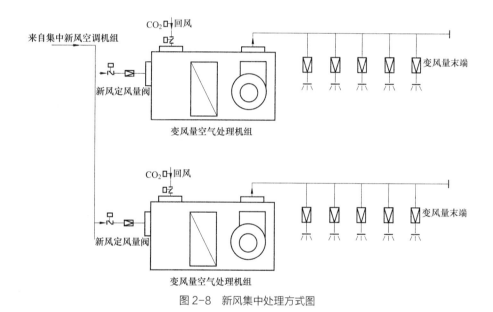

图2-8 新风集中处理方式图

2.6.3 新风量计算方法

变风量系统属于全空气空调系统，新风负荷作为全空气系统负荷的重要部分，而且一个全空气系统往往管辖着若干个不同的通风区域，每个区域的新风比又不尽相同，如何确定变风量系统一个合理的新风量的同时又保证满足系统所管辖的每个通风区域需求的新风比是本节致力要解决的问题。

GB 50189—2015《公共建筑节能设计标准》"4.3 输配系统"中的4.3.12条指出：当一个空气调节风系统负担多个使用空间时，系统的新风量应按下列公式计算确定

$$Y = X / (1 + X - Z)$$

$$Y = V_{ot} / V_{st}$$

$$X = V_{on} / V_{st}$$

$$Z = V_{oc} / V_{sc}$$

式中　Y ——修正后系统新风量在送风量中的比例；

　　　V_{ot} ——修正后的总新风量，m^3/h；

　　　V_{st} ——总送风量，即系统中所有房间送风量之和，m^3/h；

　　　X ——未修正的系统新风量在送风量中的比例；

　　　V_{on} ——系统中所有房间的新风量之和，m^3/h；

　　　Z ——需求最大的房间新风比；

　　　V_{oc} ——需求最大的房间的新风量，m^3/h；

　　　V_{sc} ——需求最大的房间的送风量，m^3/h。

　　该标准是参照 ANSI/ASHRAE Std 62—2001 制定的，标准中给出一个系统负责多个不同送风区域时系统新风的修正计算公式，但公式中"V_{st}——总送风量，即系统中所有房间送风量之和（m^3/h）"和"V_{on}——系统中所有房间的新风量之和（m^3/h）"的计算方法及"Z——需求最大的房间新风比"的定义也逐渐暴露出一些问题。"需求最大的房间"是指需求新风量最大的房间还是指新风比最大的房间，变风量系统中如何确定"需求最大的房间"。

　　为此，ASHRAE 于 2005 年颁布了最新版本 ANSI/ASHRAE Standard 62—2004。新规范删除了 ANSI/ASHRAE Standard 62—2001 中新风量的计算方法，即 $Y=X/(1+X-Z)$，而引进了新定义"临界分区（critical zone）"和新公式

$$V_{ot}=V_{ou} / E_v$$

式中　V_{ot} ——修正后系统送出的新风量，m^3/h；

　　　V_{ou} ——系统需求的新风量，m^3/h；

　　　E_v ——系统的通风效率。

　　其中 ANSI/ASHRAE Standard 62—2004 对于公式中的每一项都给予了充分的解释及计算方法，同时引进了新的新风标准，由于篇幅原因设计手册在此只做简略的介绍，读者若有兴趣可参看 ANSI/ASHRAE Standard 62—2004。

　　新标准考虑到新型建筑中污染源不单来自人体，也来自建筑材料，明确地将新风标准分为人均所需新风量 R_p 和单位面积所需新风量 R_a，该两项的取值可参阅国内有关变风量系统设计文件。则计算式为

$$V_{ou}=D \cdot \sum (R_p P_z) +\sum (R_a A_z)$$

式中　P_z ——各房间的最大（预期）人数，人；

　　　A_z ——各房间的净使用面积，m^2。

　　其中 D 的引入是考虑到人员的流动性，比如办公室的人员会去会议室、休息室、接待区、茶水区等，也可能外出，将各区域的最大预计总人数的累价值作为系统的计算总人数显然会导致系统需求新风量变大。则计算式为

$$D=P_a /\sum P_z$$

式中　P_s ——系统计算总人数，人。

$$E_v=1+X_s-Z_{dc}$$

式中　X_s——系统平均新风比；

　　　Z_{dc}——临界分区送风新风比。

$$X_s = V_{ou}/V_{ps}$$

式中　V_{ps}——系统的一次送风量，由系统负荷计算确定或 $V_{ps} = LDF \cdot \Sigma V_{pz}$，$V_{pz}$ 为各房间的设计一次送风量（m^3/h），LDF 为系统负荷参差系数。

要确定"临界分区送风新风比 Z_{dc}"首先明确"临界分区"的概念。变风量多分区空调系统所管辖的各通风房间所需新风比是不同的，其中必有一个需求新风比最大的通风房间，称为"临界分区"。

由于

$$Z_d = V_{oz}/V_{dz}$$

式中　Z_d——通风房间的新风比；

　　　V_{dz}——通风房间的预期最小送风量，m^3/h（包括一次风和就地回风）；

　　　V_{oz}——通风房间所需新风量，m^3/h。

$$V_{oz} = V_{bz}/E_z$$

式中　V_{bz}——通风房间呼吸区的新风量，m^3/h，所谓呼吸区是指人员活动的一个区域，通风房间内距地面高度为 75~1800mm、距墙或固定空调设备 600mm 的区域（$V_{bz} = R_p P_z + R_a A_z$）；

　　　E_z——通风房间空气分布效率（在一定送、回风形式及送风温度下，实际到达呼吸区的风量与送入房间空气量之比），取值可查阅国内有关变风量系统设计文件。

故

$$Z_{dc} = V_{ozc}/V_{dzc}$$

考虑到变风量系统的特殊性："临界分区"是变化的，夏季时外区的负荷较大导致送风量较大，相比之下内区的负荷较小导致送风量小，内区房间就会成为"临界分区"，而冬季内区供冷，风量较大，外区供热一般采取其他加热辅助设备，此时外区末端装置仅保证最小送风量，送风量较小，外区房间就会成为"临界分区"，所以在供冷、供热设计工况下，需通过计算，明确出临界分区，并以此分别计算系统新风量。

上述新标准 ANSI/ASHRAE Std 62—2004 的计算方法与国内现行规范的计算方法相比，新方法对于新风量标准的拆分，更加符合不同人员密度建筑新风量的需求情况，对于高人员密度的办公室，采用新方法计算出的人均新风量比 $30m^3/h$ 少 $10m^3/h$ 左右，可降低新风能耗近 30%，新方法考虑到了办公建筑人员流动性大的问题，不单纯地累计空调房间最大设计人员，在系统人员中引入人员参数系数，更为合理，同时新方法明确了"临界分区"的概念，避免了理解上的误解，新方法给出了各项效率更为合理的计算方法。

各位设计师可严格按照国家现行标准计算方法，也可借鉴比较成熟的 ANSI/ASHRAE Std 62—2004 的计算方法。

2.7 变风量空调风管系统设计

2.7.1 设计指南

空调风管系统设计，对于确保空调系统运行有效和节能，是一个很重要的环节。变风量空调的送风系统设计，有两个基本要求：①变风量末端装置的运行需要送风管内有一定的静压；②这个静压值在整个系统运行过程中应保持稳定，以利于末端装置的稳定运行。所以，变风量空调的送风系统一般都设计成中速、中压系统。当然，它也可以设计成低速低压系统，但是，除了风管尺寸变大以外，还要注意满足系统静压控制的要求和末端装置运行所必需要保持的静压值。在风管设计中遵循以下原则，可在系统的初投资和运行费两方面取得一个合理的平衡。

（1）风管应尽可能按直线布置。

（2）采用标准长度的直线管段，将各种变径管和接头的数量减至最少。

（3）若安装空间范围允许，建议采用螺旋圆风管。

（4）采用等半径弯头而不采用或少采用带导流叶片的直角弯头。

（5）中压风管系统从主风管上接出分支管时，应采用圆锥形接头（对圆形支管）或45°马鞍形接头（对方形支管）。

（6）末端装置入口连接的送风支管，不得采用软管。

（7）与送风散流器相连的送风软管长度不得超过2m。

（8）避免两个或更多风管配件连续紧靠在一起安装，这样会使压力陡降。

2.7.2 设计方法

变风量空调系统风管计算方法与定风量空调系统基本相同,常用的有：等摩阻法(流速控制法)和静压复得法。

空调通风设计中,通常把风速 $v \geqslant 12\text{m/s}$ 者称为高速风管,$v<12\text{m/s}$ 者称为低速风管。高速风管可减小风管截面，节省建筑空间，但增加了风管阻力和风机压头，适用于大型系统。高速系统需采用静压复得法计算，以保证管内各点静压接近。低速风管截面相对较大，但降低了风管阻力和风机压头，适用于中小型系统。目前国内的变风量空调系统大多为低速风管，系统采用等摩阻法计算。

低速送风系统等摩阻法计算推荐的设计比摩阻为1Pa/m，设计时可按此值选用送风管的风速。变风量系统一般不设回风末端，故各房间无回风量调节功能。为使各房间回风量比较平衡，宜减小回风管阻力，比摩阻可取0.7~0.8Pa/m。此外，也常采用吊顶集中回风。

末端下游送风管阻力不宜过大，以免降低单风管末端上调节风阀的阀权度，影响风阀的调节性能。风速应控制在4~5m/s。末端下游送风管也宜采用铝箔玻璃纤维风管，以强化消声功能。

在末端下游送风管与送风口间常采用软管连接，能起消声和接驳作用。由于软管摩阻较大，直软管3m/s风速的比摩阻相当于同径内表面光滑风管8m/s风速下的比摩阻，因此软管长度不宜大于2m，且不宜弯曲，应直而短。风速应控制在3m/s以内。

风管风速建议值见表2-8。

表2-8　　　　　　　　　　　　　　风管风速建议值

室内允许噪声级（A声级，dB）	主管风速（m/s）	支管风速（m/s）	风口风速（m/s）
20	4.0	2.5	1.5
25	4.5	3.5	2.0
30	5.0	4.5	2.5
35	6.5	5.5	3.5
40	7.5	6.0	4.0
45	9.0	7.0	5.0

注　通风机和消声设备之间的风管，其风速可采用8~10m/s；采用具有消声功能的风管时，主风管流速可采用7~10m/s。（GB 50736—2012《民用建筑供暖通风与空气调节设计规范》）

2.7.3　风管布置特点

送风系统建议采用环形风管连接方式，如图2-9所示。环形风管布置方式可使气流从多个通道流向末端，从而降低并均化风道内的静压，减小出口噪声，并为将来扩展末端容量提供了基础；但缺点是增大了风道尺寸和投资。

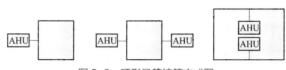

图2-9　环形风管接管方式图

回风系统建议采用吊顶回风，在吊顶上部空间形成一个大的静压箱，使吊顶内的静压相对稳定，各点静压差为10~20Pa。当各末端的送风量变化时，自然导致室内的静压变化，使回风量随着改变。吊顶回风有利于自然平衡室内送回风量，使室内压力不受送风量变化的干扰。

2.7.4　风管保温

风管常用绝热（保冷）材料及其制品的主要技术性能见表2-9，建筑物内风管（平面）保冷经济绝热厚度见表2-10。

表2-9　　　　　　风管常用绝热（保冷）材料及其制品的主要技术性能

材料名称	密度（kg/m³）	导热系数[W/（m·K）]	适用温度（℃）	吸湿率（%）	燃烧性
玻璃棉毡	10~48	0.032~0.048	≤ 250	≤ 5%	不燃
软质聚氨酯泡塑制品	32~45	≤ 0.042	− 50~100		难燃
发泡橡塑制品	40~120	≤ 0.043	− 40~85	≤ 4	难燃
酚醛泡沫制品	40~120	0.025~0.038	− 180~130		难燃

表 2-10　　　　　　　建筑物内风管（平面）保冷经济绝热厚度　　　　　　（mm）

保冷材料	离心玻璃棉		酚醛泡沫		发泡橡塑	硬质聚氨酯
环境温度（℃）	29	26	29	26	29	29
设备表面温度（℃） −13	54.55	52.1	38.1	36.1	32.2	32.24
−9	52.2	49.7	36.7	34.7	30.56	30.66
−5	49.7	47.0	35.2	33.1	28.85	28.99
−1	47.0	44.1	33.4	31.2	27.02	27.18
3	43.9	40.9	31.4	29.0	25.04	25.21
7	40.5	37.2	29.1	26.5	22.87	23.08
11	36.6	33.0	26.4	23.6	20.46	20.71
15	32.2	28.0	23.2	20.0	17.73	20.53

注　室内通风房间的环境温度一般可按29℃计算；空调房间环境温度可按26℃计算。橡塑材料热导率为0.0338 W/（m·K），硬质聚氨酯热导率为0.0253 W/（m·K）。

2.8　变风量空调噪声控制

GB 50118—2010《民用建筑隔声设计规范》中对办公及商业建筑室内的允许噪声级提出了如表 2-11、表 2-12 所列要求。

表 2-11　　　　　　　　办公建筑室内允许噪声级

房间名称	允许噪声级（A声级，dB）	
	高要求标准	低要求标准
单人办公室	≤ 35	≤ 40
开放式、分格式的多人办公室	≤ 40	≤ 45
电视电话会议室	≤ 35	≤ 40
普通会议室	≤ 40	≤ 45

表 2-12　　　　　　　　商业建筑室内允许噪声级

房间名称	允许噪声级（A声级，dB）	
	高要求标准	低要求标准
商场、商店、购物中心、会展中心	≤ 50	≤ 55
餐厅	≤ 45	≤ 55
员工休息室	≤ 40	≤ 45
走廊	≤ 50	≤ 60

2.8.1 末端装置噪声控制

末端装置的选择直接与房间的噪声级有关，末端装置产生的噪声在房间内扩散传播的过程中，其声能的传播损失可分为两部分，即顶棚传播损失和房间效应。

房间效应对噪声的衰减见表2-13。

表2-13 房间效应对噪声的衰减

房间类型	倍频带（dB）				
	250	500	1000	2000	4000
宾馆	6.9	7.5	8.5	8.5	8.6
办公室	7.2	10.3	11.0	10.5	10.5

各种声源对房间噪声的综合影响，不能简单地进行数字叠加，而应采用对数相加法，把附加值（见表2-14）加上两种声源中较高的声能得到综合后的声能值，再减去房间效应即为房间实际存在的噪声级。

表2-14 声叠加时的附加值

两种声源之差（dB）	0	2	4	6	8	10
附加值（dB）	3	2	1	1	0	0

变风量末端装置厂家通常会提供两类噪声数据，即出口噪声和辐射噪声，出口噪声即变风量末端通过下游风管和送风口传播至房间的气流噪声，它基本上是由箱体上游送风管道和送风压力造成的；辐射噪声是指送风气流在分流时和风阀处产生紊流而引发末端箱体振动，并通过箱体外壳进入房间吊顶空间的噪声值。例如，一个典型办公室内的设计允许噪声值为30NC，那么，可以按辐射噪声值为35NC来选择末端装置。并选用隔声效果较好的吊顶材料，如16mm厚560kg/m³的矿棉纤维板。一般情况下，风机动力型变风量末端不应设置在噪声要求低于40RC（N）的空调房间的吊顶内。

2.8.2 风管系统噪声控制

送风系统噪声可以从两方面进行控制：减少声源处的声功率级；采取各种消声措施。

（1）减少声功率级的方法：

1）合理选择送风机。

2）减少系统压力降。

3）正确选择末端装置。

（2）消声方法：

1）采用消声风管（注意内表面需要敷设保护层金属箔或微孔金属板）。

2）设置消声器。

3）设置静压箱。

4）以上消声方法可采用其中一种或组合使用。

2.9 其他设计注意事项

2.9.1 常规系统

（1）声学要求高的建筑物（如广播、电视、录音棚等）以及大空间，机组风量很大的公共建筑物（如体育馆等），空调机房最好设在地下室中。而一般的办公楼、旅馆公共部分（裙房）的空调机房可以分散在每层楼内，但是机房不应紧靠贵宾室、会议室、报告厅等室内噪声要求严格的房间。

（2）空调机房的划分应不穿越防火区。大中型建筑应在每个防火区内设空调机房，最好能在防火区的中心位置。

（3）各层的空调机房最好能在同一位置上即垂直成一串布置，这样可缩短冷、热水管的长度，减少与其他管道的交叉，既减少投资又节约能耗。

（4）各层空调机房的位置应考虑风管的作用半径不要太大，一般为 30~40m。

（5）空调机房的位置应选择最靠近主风道之处，靠近管井使风管尽量缩短，可降低投资也可减少风机的功率。

2.9.2 低温送风系统

低温送风空调系统的设计注意事项和常规空调系统基本相同，不同的是送风温度，设计阶段要把握好相应措施，以下为低温送风空调系统设计时应注意事项。

（1）送风温度避免过低。低温送风空调系统通过降低送风温度，减少送风量实现节能目的，同时由于去湿能力强，室内空气相对湿度较低。室内空气相对湿度不宜太低，如低于30%，可能会导致皮肤和黏膜干燥，易发生静电等令人不适的情况。一般，送风温度的设定要保证湿度不低于40%。

（2）送风量避免过小。低温送风空调系统风量减少，风机能耗降低。但换气次数太低，会影响室内空气的洁净度，故最小风量的设定应充分考虑新风换气次数。

（3）注意确保冷水的进回水温度差。采用低温送风空调系统时，冷水进出口温度差加大，输送动力才能大大降低。

（4）确保空气处理机组密封与隔热处理。空气处理机组的隔热、密封性能对节能有很大的影响。考虑空气处理机组所处的环境条件，应根据制造铭牌上的送风温度和设备房温湿度要求，采取必要的绝热、密封处理措施。

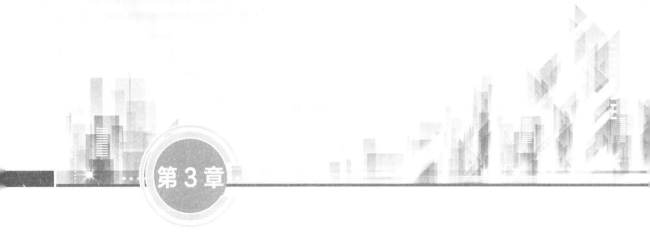

第3章

变风量空调自动控制系统设计

3.1 变风量系统控制

变风量空调系统控制包括室内温度控制、风量控制、送风温度控制、新风控制、机组启停等主要控制内容，但是根据业主需求也可以提供空气品质检测与控制、过渡季全新风运行、夜间通风换气、上班前预冷预热、下班房间空调自动复位、定时开关机、加班自动请求、温度上下限节能模式、空调计量收费、能效评估等定制监控功能。其中，室内温度控制由变风量末端装置来完成，而其他控制均由空调机房变风量智慧控制柜及现场定制组件完成。

变风量空调系统是一个多回路的动态的调节过程，各回路的调节既独立又相互关联。具体控制流程和原理分别如图 3-1、图 3-2 所示。

3.2 室内温度控制

室内温度主要由变风量末端装置（简称 VAV-TMN）来进行控制，如图 3-2 所示。

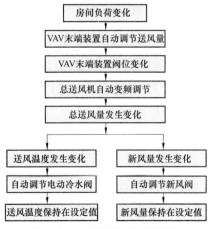

图 3-1 变风量系统控制流程图

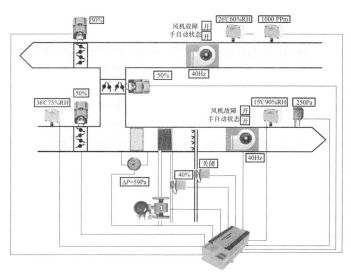

图 3-2　变风量空调机组控制原理图

3.2.1　单风道型变风量末端装置控制

1. 压力相关型单风道变风量末端装置控制方案

压力相关型单风道变风量末端装置是通过房间温度与设定温度差值控制风阀开度，其核心部件包括：房间温控器、一体化变风量控制器（含风阀驱动器）。其控制原理：由房间温控器将房间温度与设定温度差值通过控制器控制风阀驱动器来调节风阀的开度。具体控制原理与工作原理如图 3-3 所示。

压力相关型的单风道变风量末端装置的弊端是当送风静压变化时，变风量末端装置的风量随着入口静压变化而变化，从而使得某个阀门调节导致其他房间的温度波动。因此这种方法在控制精度要求较高的场所不被推荐采用。

2. 压力无关型单风道变风量末端装置控制方案

压力无关型单风道变风量末端装置和压力相关型相比，增加了风量传感器，通过房间温度与设定温度差值控制风阀风量，其核心部件包括：房间温控器、一体化变风量控制器（含风阀驱动器）和风量传感器。其控制原理：控制器根据房间温度与设定温度差值确定房间的需求风量，同时比较测量的变风量末端装置实际风量与需求风量偏差，从而控制风阀驱动器来调节风阀的开度使该偏差值趋近于零。具体控制原理与工作原理如图 3-4 所示。

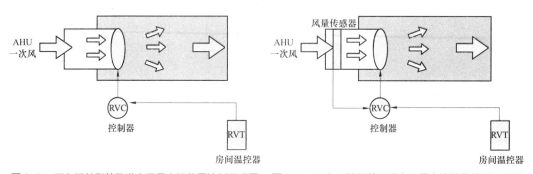

图 3-3　压力相关型单风道变风量末端装置控制原理图　图 3-4　压力无关型单风道变风量末端装置控制原理图

3.2.2 串联式风机动力型变风量末端装置控制

串联式风机动力型变风量末端装置内置节流风阀和末端风机,末端风机与一次风为串联状态。一次风经节流风阀后与来自吊顶的室内回风混合后由串联风机送至空调区域。负荷变化时,通过改变风阀的开度来改变一次风量,而末端风机仍全量运行;实现一次风系统变风量,变风量末端装置后的风系统定风量运行。适合应用于高大空间,或对气流组织有特殊要求的场所,与普通风口配套,可用于低温送风系统。串联式风机动力型变风量系统原理如图3-5所示。

3.2.3 并联式风机动力型变风量末端装置控制

并联式风机动力型变风量末端装置内置节流风阀和末端风机,末端风机与一次风为并联状态。夏季运行时,末端风机通常不开起,只通过改变风阀的开度来改变送风量以满足负荷的变化需求,一般在制冷最小风量条件和制热条件下才起动末端风机吸取吊顶内的回风,以加大送风量改善气流组织。并联式风机动力型变风量系统原理如图3-6所示。

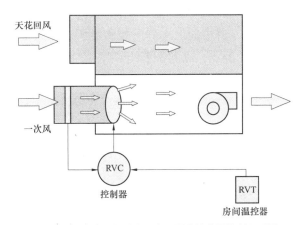

图 3-5 串联式风机动力型变风量末端装置控制原理图

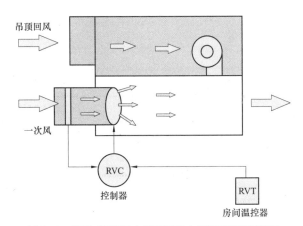

图 3-6 并联式风机动力型变风量末端装置控制原理图

3.3 空气处理机组控制

3.3.1 风量控制

当变风量末端装置的风量变化时，送风管中的静压会发生变化，空气处理系统的总送风量应随之变化。如何实现系统总送风量能跟随变风量末端装置的风量变化而实时调整，又能确保系统稳定运行，是空气处理系统风量控制的关键。风量控制的类型主要分为：定静压控制、可变静压控制、变静压控制、总风量控制。

风量控制的目的有两个：

一是保证正常工作的变风量末端风阀尽可能在较高开度下工作。避免低开度下的VAV节流损失，节约运行费用；避免高入口静压下产生的噪声。

二是保证系统稳定运行。空气处理系统的调节是多个参数耦合的动态过程，应有合理的参数设定保证系统稳定运行。

1. 定静压控制

定静压控制是在送风管距空气处理机组出口约2/3长度处设置静压传感器，当末端风量变化时，通过变频器调节送风机的转速使静压实测值趋于设定值（见图3-7）。定静压控制法的基本思想是，在确保风道中的最小静压能满足所有变风量末端装置的风量需求的基础上，尽量减少风道中的静压，以利于节能。

存在的问题：定静压控制中的风管静压值很难设定，静压设置过低或过高都会出现问题。若设置过低，则会出现一些区域的风量不能满足设计要求；若设置过高，则会出现风机长时间处于高速运行的现象，降低节能效果及增大噪声。

2. 可变静压控制

可变静压控制与定静压控制部分相同，也是在送风管距空气处理机组出口约2/3长度处设置静压传感器，当变风量末端装置的风量变化时，通过变频器调节送风机的转速使静压实测值趋于设定值。但所不同的是，可变静压控制的静压设定值是变化的。也就是在定静压控制策略的基础上，阶段性地改变静压设定值（见图3-8）。可变静压控制法的基本思想是，在满足室内温度的前提下，根据风阀开度情况尽量减小风道中的静压设定值，使末端风阀尽量保持在高开度状态，实现节能运行。

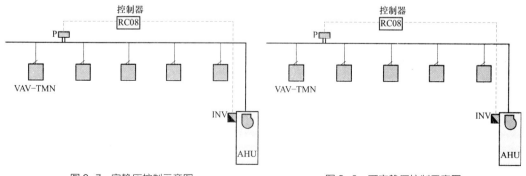

图 3-7　定静压控制示意图　　　　图 3-8　可变静压控制示意图

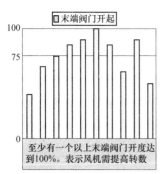
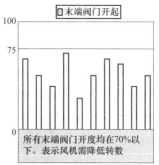
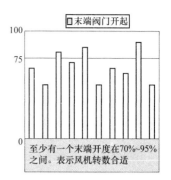

图 3-9 变静压控制策略图

存在的问题：可变静压控制的风管静压初始值较难设定，根据末端风阀的开度调整静压设定值的算法较为复杂，需要综合考虑不同规格的风阀对静压设定值的影响权重。

3. 变静压控制

变静压控制不需要控制风管上的静压，只需综合所有变风量末端风阀阀位情况，进行风机变频控制（见图 3-9、图 3-10）。变静压控制的

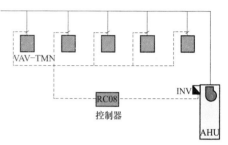

图 3-10 变静压控制示意图

核心思想就是尽可能保持变风量末端的风阀处于较大开度，它与定静压控制的区别在于，变静压系统风管中的静压随着系统负荷的变化而变化，从而避免了定静压系统中静压设置过低或过高的弊端，使变风量末端装置更易于调节，且噪声更小，更加节能。

传统变静压控制存在的问题：

（1）实际运行时，每个房间的负荷都是动态的，会受到天气、朝向、人为因素、设备等因素的影响，每个房间或区域设计负荷与实际负荷很难保证完全匹配，同一时间各房间负荷变化趋势也会有较大差异。按照传统额变静压控制理论很难实现变静压控制。

（2）根据末端风阀开度进行频率增加或减少值较为复杂，要综合考虑不同规格风阀对风量变化的权重影响。

4. 总风量控制

总风量控制也是一种基于压力无关型 VAV 的控制方法。它是以所有变风量末端装置的风量设定值的总和为目标值，通过将系统当前各个变风量末端装置的风量测量值之和与目标值进行比较，依据此值对空气处理机组进行变频调节。总风量控制原理图如图 3-11 所示。

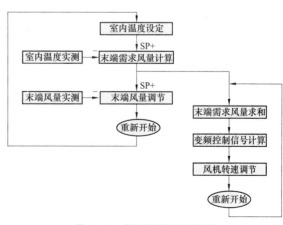

图 3-11 总风量控制原理框图

存在的问题：由风机变频控制和风阀调节控制同时改变送风量，增加了系统的耦合性，容易导致系统控制不稳定，风机频率与风量之间的关系与风管阻力特性有关，而该阻力特性随末端风阀状态不同而时刻处于变化之中。

3.3.2　送风温度控制

通过对比实测送风温度和设定送风温度，对冷水／热水电动调节阀进行 PI 调节，将送风温度保持在设定值。送风温度重设：较小负荷时，考虑舒适度以及避免部分区域过冷，可提高送风温度。

3.3.3　新风量控制

采用回风 CO_2 浓度传感器或新风进风管上的流量传感器控制新风阀，或采用定风量阀将新风量保持在需求值，也有项目是采用变风量装置作为新风控制单元的。

3.3.4　运行管理和用户定制的其他功能

根据业主需求，可定制以下功能：空气品质检测与控制、过渡季全新风运行、夜间通风换气、上班前预冷预热、下班房间空调自动复位、定时开关机、加班自动请求、温度上下限节能模式、空调计量收费、能效评估等。

第4章

低温送风变风量空调设计

变风量空调系统因具有舒适、节能及智能化运行等优点，得到了越来越广泛的应用；但是，由于其过高的投资成本，严重阻碍了它的应用。成本之所以居高不下，主要原因是与风机盘管系统相比，由于末端以空气替代水作为载冷剂，输送相同冷量空气流量大于水的流量，增加了冷量输送系统，即风管和风机的成本；另一方面，变风量末端装置、控制系统是变风量系统的核心部件，技术门槛相对较高，大部分项目以依赖进口产品为主，是造成系统造价居高不下的另一重要原因。近年来，国内一些科研院所和企业不遗余力开展研究并不断创新。首先，对系统设计参数进行创新，通过降低送水温度和送风温度，实现大温差送水、送风，即大温差低温送风变风量空调系统，这样可以较大幅度减少冷量输送系统的投资；另一方面，针对进口品牌销售价格高，且对中国国情适应性差的缺点，自主研发出机电仪控一体化的变风量末端装置、低温风口以及变风量控制产品和系统，走出一条具有中国特色的变风量空调创新设计之路。

4.1 低温送风对建筑设计要求

4.1.1 建筑物密封性

为了防止送风口表面结露，建筑物应注意密封，减少外界空气侵入量。低温送风空调系统和常规空调方式相比，具有送风温度降低，送风温差加大，送风量减少，送风设备容量和输送动力降低的优点。但是由于送风温度下降，应注意防止送风口表面结露。低温送风使得风口表面温度低于室内露点温度，存在凝露风险，甚至会凝露持续生长，最终导致液滴滴落。一般在外界空气侵入比较多的区域，特别是夏季高温高湿的外界空气侵入口，应尽量不要设置送风口。

4.1.2 机房布置

尽管低温送风系统送风温差加大，送风量较小，但如果输送距离很长，其沿途损失不小，会造成送风温度上升，出现除显热不足现象。因此在增强管道隔热同时，应尽可

能缩短送风口与空调机的距离；为了不使空调机入口冷水温度上升，冷水管道应强化绝热，空调机组与冷源机组的距离也应尽可能短。因此，建筑规划应考虑机房的位置，有条件时应分散布置。低温送风空调系统的建筑规划注意事项见表4-1。

表4-1　　　　　　　　　　低温送风空调系统的建筑规划注意事项表

目　的	措　施
建筑物密封，减少外界空气侵入	（1）进出口采用回旋门、双重门等措施； （2）防止烟囱效应（直通台阶、电梯通道密封）
隔热、降低空调负荷消耗	（1）屋顶和外墙壁适当隔热； （2）使用高绝热性的玻璃（双层玻璃等）
机房布置在室内负荷中心处	（1）空调机组以在空调区域中心为佳； （2）冷热源供水管靠近空调机组

4.2　冷源系统设计选择

4.2.1　冷源形式的选择

低温送风系统的冷源可采用多种形式，可以是蓄冷系统、冷水机组直接制备低温冷水，也可由直接蒸发式机组供冷。工程选用何种冷源形式，应考虑送风温度、吊顶空间等因素，冷水供水温度的高低应根据所需送风温度来确定。一般而言，进入空调机组表冷器的冷水温度至少要比送风温度低3~4℃，否则会给表冷器的选型带来困难。因此，采用何种冷源，需经技术和经济比较后确定。

冰蓄冷系统冷冻水供水温度低，有利于增大送回水温差，与低温送风空调是最佳组合，有利于提高空调系统经济性和节能性。

4.2.2　冰蓄冷系统

当低温送风系统的送风温度要求低于7℃时，制冷系统必须向空气处理设备提供1~4℃的空调冷冻水，冰蓄冷系统可以满足此项要求。

冰蓄冷系统的主要设备有冷水机组、蓄冰装置、换热器、水泵、管道及控制系统。用于制冰的介质可以是制冷剂，也可以是载冷剂，在冰蓄冷工程中最常用的载冷剂是体积比为25%的工业用抑制性乙烯乙二醇溶液。

1. 系统分类

冰蓄冷系统的种类和制冰的方式有很多种，包括盘管外融冰系统、内融冰系统、封装式蓄冰系统、动态冰片滑落式系统等，不同蓄冷系统特点见表4-2。

表4-2　　　　　　　各类冰蓄冷空调系统的性能及特点对比

制冰方式	冰盘管外融冰	冰盘管内融冰	封装冰	冰片滑落式
制冷（冰）方式	静态	静态	静态	动态
制冷机	直接蒸发式或双工况	双工况	双工况	分装或组装式

续表

制冰方式	冰盘管外融冰	冰盘管内融冰	封装冰	冰片滑落式
蓄冷槽容积 $[m^3/(kW \cdot h)]$	0.03	0.019~0.023	0.019~0.023	0.024~0.027
蓄冷温度（℃）	-8~-5	-6~-3	-6~-3	-9~-4
释冷温度（℃）	1~3	2~6	4~6	1~2
释冷速率	快	中	中	快
释冷介质	水或二次制冷剂	载冷剂	载冷剂	水
制冷机蓄冷效率（COP值）	2.5~4.1	2.9~4.1	2.9~4.1	2.7~3.7
蓄冷槽形式	开式	开式	开式或闭式	开式
蓄冷系统形式	开式或闭式	闭式	开式或闭式	开式
特点	瞬时释冷速率高	模块化槽体，可适用于各种规模	槽体外形设置灵活	瞬时释冷速率高
适用范围	空调、工艺制冷	空调	空调	空调、食品加工

对于低温送风空调系统，在确定冰蓄冷方式后，需根据空调所需的冷负荷、供水温度和蓄冷系统的释冷速度来确定冰蓄冷系统的蓄冷设备和容量。蓄冰设备种类较多，蓄冷释冷机理各异，要维持恒定的低温送风温度，蓄冰设备必须具有稳定的低温流体出口温度和足够的融冰速度。

在工程中选用何种蓄冷系统，应根据蓄冷系统的释冷特性和低温送风系统所需冷水的供、回水温度等因素，经技术和经济比较后确定。

2. 系统流程

蓄冰设备一般与制冷主机成串联配置，以保证供给温度始终稳定的低温流体，保持较大的供回水温差。如果制冷主机放在蓄冰设备的上游，冷水主机将在较高的蒸发温度下运行，制冷效率较高。但是，为了提供 1 ~ 4℃ 的冷流体供给温度，与常规输送温度运行的系统相比，将要求蓄冰设备有更大的蓄冷容量或融冰速度。如果将制冷主机放在蓄冰设备的下游，冷水主机把冷流体冷却到最终的低温供给温度，因而蓄冰设备可按照较高的供冷温度来确定蓄冷容量和融冰速度，然而，制冷主机将在较低的温度和较低的效率下运行。一般为了保证主机效率而采用制冷主机上游串联式布置的方案。

4.3 低温送风空调负荷计算

负荷计算是空调系统设计的基础，低温送风系统的负荷计算可以参考常规空调系统，但需考虑低温送风空调系统的特点。

4.3.1 室内温湿度设计参数

1. 室内温度

室内空气的干球温度是舒适性空调追求的首要指标，在满足建筑物空调舒适度要求

的前提下，应关注空调节能问题，参照执行国家标准 GB 50189—2015《公共建筑节能设计标准》。

办公建筑常规送风系统室内空气设计温度夏季一般为 24~26℃，冬季外区为 18~20℃，内区为 20~22℃，外区温度应比内区温度低 1~2℃，有利于内、外区气流的混合得益。对于低温送风空调系统，由于室内相对湿度降低，即使采用较高的干球温度，同样可以达到常规空调标准的舒适性要求，因此，一般室内温度可比常规送风系统高 1℃左右，详见"湿度与热舒适性的关系"。

2. 湿度与热舒适性的关系

低温送风系统空气处理机组的机器露点和送风温度明显低于常规空调系统，因此在相同的热湿比下，室内相对湿度明显低于常规空调系统，甚至可以降低到 40% 左右。

从 1997 年开始，以范格尔（P. O. Fanger）教授为首的丹麦哥本哈根国际室内环境和能源中心对低相对湿度下人体热感觉进行了深入的实验研究，2000~2003 年公布的研究结果表明：室内相对湿度大于 25% 不会对眼睛和皮肤产生明显的不舒适感。美国 ASHRAE Standard 62—2001 推荐室内最佳相对湿度的范围为 30%~60%；ASHRAE Standard 54—1992 热舒适度标准，根据相对湿度引起人体不舒适感的观察结果，推荐有人房间的露点温度不宜低于 2℃；ASHRAE Handbook 2001 年版基础篇公布的舒适区范围的冬夏最低允许露点温度都是 2℃，按此规定，夏季舒适区最低相对湿度的范围是 19.79%~24.37%；德国 DIN 1946 将夏季人体舒适区的相对湿度下限定为 32%。

另外，在可接受的室内相对湿度条件下，试验表明在低相对湿度下人体会感到空气更新鲜，减少了人对气味的敏感程度，同时对于夏季高温高湿地区，较低的相对湿度也可以减少物品发霉，间接改善室内空气品质。

总之，夏季工况低相对湿度有利于改善室内热舒适性。研究表明在舒适感相同的条件下，相对湿度每降低 25%，干球温度可提高 1℃，这一研究成果对低温送风空调节能有十分重要的意义。

因此，一般而言，低温送风空调系统室内空气设计参数见表 4-3。

表 4-3 低温送风空调系统室内空气设计参数

室内空气设计参数		推荐值
干球温度（℃）	24~28	25~26℃
相对湿度	30%~50%	40%~50%

4.3.2 室内温湿度改变引起的负荷变化

低温送风空调系统可以实现低湿度环境，和常规空调送风系统相比，达到同样的室内干球温度，采用低温送风后室内湿度降低，则需要处理的潜热负荷变大。但如前所述，低温送风空调系统的室内干球温度设定值比常规空调略高，故室内显热负荷显然会有所减少。

　　因此，对于低温送风系统具体计算时，对于室内条件变化而带来冷负荷变化，需进行详细计算，通常应使输送动力降到最低值，确保整个建筑物有效地达到经济节能为目标。

　　以某典型办公大楼在不同的室内温湿度条件为例，负荷计算值比较见表 4-4。

表 4-4　　　　　　　　　　　　　　负荷计算值比较

设计室内温度 （℃）	设计室内相对湿度（%）	尖峰负荷（kW）	送风温度（℃）	总送风量（万 m³/h）	备注
26	40	3021	7.5	22.2	
26	45	2979	10.7	27.5	已考虑 1.5℃的风机和管道温升
25	50	2935	13.1	33.1	

　　由表 4-4 可知，随着室内相对湿度的下降，冷负荷有所增加，与 25℃/50% 的工况相比，26℃/45% 的工况下冷负荷增加 1.5%，26℃/40% 的工况下冷负荷增加 2.9%，但同时也可见随着室内相对湿度的下降，冷负荷的增加并不大。

　　另外，同样由表 4-4 可知，随着送风温度的下降，送风量下降。与送风温度 13.1℃（对应室内温湿度为 25℃/50%）的工况相比，送风温度 10.7℃（对应室内温湿度为 26℃/45%）的工况下送风量下降 17%，送风温度 7.5℃（对应室内温湿度为 26℃/40%）的工况下送风量下降 33%，因此采用低温送风系统可较大程度地降低送风系统的送风机能耗。

　　总之，室内参数确定后可以进行房间负荷计算，计算方法同常温送风系统，但由于低温送风系统的特殊性，需综合考虑多方面的影响，主要有以下几个方面：

　　（1）由于低温送风系统的室内干球温度可较常温送风系统提高，因此显热冷负荷略低。

　　（2）低温送风与常温送风采用的新风量绝对值相等，且采用低温送风后由于室内相对湿度下降，因此新风负荷比常规系统稍大，处理潜热负荷略大。同时，由于低温送风系统的送风量较常温送风系统小 30%~40%，其新风比也比常温送风系统的大。

4.4　送风温度和送风量设计

4.4.1　送风温度的选择

　　一般情况下，常规空调系统设计时，通常根据工程设计项目的室内外空气设计参数，以及空调房间的余热余湿负荷，通过焓湿计算，求得一个设计送风温度，进而得到设计送风温差，然后计算送风量，并确定空调处理机组的选型。

　　但对于低温送风系统而言，如何确定最优的设计送风温度需要考虑诸多因素，如制冷机房能提供的冷水温度，不同供水温度对于制冷系统带来的效率影响；若冷源系统采用冰蓄冷，则还需考虑冰蓄冷系统的流程，系统能提供的冷源温度范围；室内湿负荷的大小；室内能达到的相对湿度；项目选择的变风量末端和送风口形式等。要确定一个最佳的设计送风温度，可能需要很多复杂的综合计算和对比。

具体而言，要得到最优的设计送风温度，与系统能提供的冷源温度有关。低温送风系统设计由于室内相对湿度较低，如果给定了室内的干球温度和相对湿度，从焓湿图上分析，室内状态点沿热湿比线可以得到相应的机器露点温度。但可以分析得到：热湿比线不变的条件下，如果室内空气的相对湿度较低，则机器露点温度随相对湿度的变化较大。即若室内空气的相对湿度选取不当，会造成机器露点过低而无法满足供水要求，或是机器露点过高而无法实现低温送风。因此，建议根据冷源系统能提供的冷冻介质温度，先确定一个切实可行的空调机组的机器露点温度，一般机器露点的温度至少要比冷冻介质供液温度高3℃以上，否则会给表冷器的选型带来困难。机器露点选择的原则就是在一个切实可行的温度范围内，选择使一次费用和运行费用最低，同时满足系统功能要求。确定了机器露点温度后，沿热湿比线，得到房间的室内相对湿度，若该相对湿度在可接受的范围（如30%~50%），则认为机器露点选取是合适的，反之将露点温度进行调整。机器露点确定后，送风温度即为机器露点温度加上风机和管道温升。

送风温度的选择，还与空调系统采用的变风量末端装置和散流器有很大关系。当末端装置和散流器可以提供理想的气流组织，即使在送风量减少的情况下，也不会在室内产生不舒适的冷风沉降，这时可以降低送风温度；反之，送风温度应选偏高值。

送风温度的选择，还与空气处理机组所需要的设备安装空间情况有关，若安装空间受限，或在供冷状态下，需要空调机组有较大的除湿量，则应该选择较低的送风温度，从而减少送风量。

送风温度的选择，还与建筑物的负荷情况、吊顶空间、竖井管道空间等有关，工程中为了避免空调送风量过大、减少吊顶和竖井空间的风管占有量，则应该选择较低的送风温度，减少送风量。

应该指出，为了增大送风温差而选择越来越低的送风温度，对于常规冷源系统而言，并非合理，应进行空调系统的制冷综合能耗分析。送风温度偏高，例如大于16℃，制冷机组的供水温度可以较高，冷水机组的运行效率提高，对节能有利；但此时，会增加风机的能耗，甚至风机运行能耗的增加可能会超过制冷机组的节能值。从多数冷水机组高效运行出发，送风温度选择为13℃左右，相对合理。但是，对于安装空间有限，要求提高空调除湿能力，要求降低初投资和运行费用等的项目，经综合技术经济性比较可以采用较低的送风温度如10~12℃，是较好的选择。对于冷源是冰蓄冷的系统，可以方便的得到较低的送风温度，提高空调系统的整体效能。

4.4.2 风机和管道温升

1. 风机和管道温升计算必要性分析

由于低温送风管内外空气温差大，风管温升明显，温升对送风量的确定影响很大，因此低温送风系统设计在计算送风量时必须计算风机温升和风管温升。因此，确定低温送风系统的送风量，其中一个关键的因素是风机和风管的温升，该温升在低温送风系统中不能忽略，这是与常规空调系统不同之处，示意图如图4-1所示。

而确定风机和风管的温升又与房间送风量相关，形成了一个"循环"，其计算过程

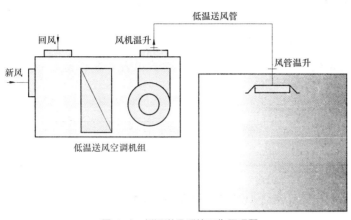

图 4-1 低温送风系统工作原理图   图 4-2 送风量计算流程图

可以采用先假设后逼近的方法处理，如图 4-2 所示。

先假设风机与风管的温升 Δt_1（风机与风管温升之和），通过焓湿图分析，计算出该温升条件下的送风量，在此风量下，对风机、风管及保温材料进行设置，然后计算此时出风机与风管的温升 Δt_2，与 Δt_1 进行比较，如果 $|\Delta t_2 - \Delta t_1| \leqslant 0.05$，则此时的送风量为房间所需要的风量；否则以 Δt_2 为新的温升重复计算送风量，直到 $|\Delta t_2 - \Delta t_1| \leqslant 0.05$。

在常规空调系统设计中，风机和风管温升的一般处理方法是：或不考虑，或简单假定为 ~1℃。但在低温送风系统设计中，一是由于管内外空气温差明显高于常规空调系统，风管温升明显；二是送风焓差大，温升对送风量的确定影响很大。因此低温送风系统中，必须计算风机与风管的温升。

2. 风机的温升

风机的产热量是一项大的冷负荷，如果送风机在冷却盘管的下游，即在抽吸式配置中，风机的产热量提高了送风温度，需要增加送风量来满足给定的房间负荷的要求，如果风机是在冷却盘管的上游，即在吹压式配置中，风机的产热量直接被盘管所吸收。无论是哪种情况，风机的产热量要加到冷却盘管负荷中。风机的温升可以用下式确定

$$\Delta t = \frac{P\eta_3}{\rho C_p \eta_1 \eta_2} \tag{4-1}$$

式中 Δt ——风机温升，℃；

    P ——风机全压，Pa；

    ρ ——空气密度，kg/m³；

    C_p ——空气比热容，一般取 1010J/（kg·℃）；

    η_1 ——风机的全压效率，国产后向机翼型离心风机的全压效率可取 0.8，国产前向离心风机的全压效率可取 0.7；

    η_2 ——电动机的效率，国产电动机的效率可取 0.8；

η_3——电动机安装位置修正系数,当电动机在气流内时 $\eta_3=1$,当电动机在气流外时,$\eta_3=\eta_2$。

电动机的效率见表4-5。空调机组风机散热引起的空气温升见表4-6和表4-7。

表4-5 电动机效率

电动机功率（kW）	0 ~ 0.4	0.75 ~ 3.7	5.5 ~ 15	20以上
电动机效率	0.60	0.80	0.85	0.90

表4-6 送风机温升（℃）（电动机设置在空调机外的场合）

电动机效率	送风机静压（Pa）										
	500	600	700	800	900	1000	1100	1200	1300	1400	1500
0.40	1.0	1.2	1.4	1.7	1.9	2.1	2.3	2.5	2.7	2.9	3.1
0.45	0.9	1.1	1.3	1.5	1.7	1.8	2.0	2.2	2.4	2.6	2.8
0.50	0.8	1.0	1.2	1.3	1.5	1.7	1.8	2.0	2.1	2.3	2.5
0.55	0.8	0.9	1.1	1.2	1.4	1.5	1.7	1.8	2.0	2.1	2.3
0.60	0.7	0.8	1.0	1.1	1.2	1.4	1.5	1.7	1.8	1.9	2.1
0.65	0.6	0.8	0.9	1.0	1.1	1.3	1.4	1.5	1.7	1.8	1.9
0.70	0.6	0.7	0.8	0.9	1.1	1.2	1.3	1.4	1.5	1.7	1.8
0.75	0.6	0.7	0.8	0.9	1.0	1.1	1.2	1.3	1.4	1.5	1.7
0.80	0.5	0.6	0.7	0.8	0.9	1.0	1.1	1.2	1.3	1.4	1.5

表4-7 送风机温升（℃）（电动机设置在空调机内的场合）

电动机效率	送风机静压（Pa）										
	500	600	700	800	900	1000	1100	1200	1300	1400	1500
0.40	1.2	1.5	1.7	1.9	2.2	2.4	2.7	2.9	3.2	3.4	3.6
0.45	1.1	1.3	1.5	1.7	2.0	2.2	2.4	2.6	2.8	3.0	3.2
0.50	1.0	1.2	1.4	1.6	1.7	1.9	2.1	2.3	2.5	2.7	2.9
0.55	0.9	1.1	1.2	1.4	1.6	1.8	1.9	2.1	2.3	2.5	2.6
0.60	0.8	1.0	1.1	1.3	1.5	1.6	1.8	1.9	2.1	2.3	2.4
0.65	0.7	0.9	1.0	1.2	1.3	1.5	1.6	1.8	1.9	2.1	2.2
0.70	0.7	0.8	1.0	1.1	1.2	1.4	1.5	1.7	1.8	1.9	2.1
0.75	0.6	0.8	0.9	1.0	1.2	1.3	1.4	1.6	1.7	1.8	1.9
0.80	0.6	0.7	0.8	1.0	1.1	1.2	1.3	1.5	1.6	1.7	1.8

3. 风管的温升

风管得热取决于风管内空气与周围空气之间的温差,取决于风管表面积,也取决于总传热系数，即 U 系数。低温送风系统的风管表面积一般比常规小 15%~40%，但其风管壁面的两侧的温差却可能比常规系统大 40%~70%。在相等的保冷水平下，给定低温送风系统的得热，可以在从小于常规设计 15% 到大于常规设计 40% 的范围内变化。风管的传热系数取决于保冷材料的类型、密度与厚度。

风管温升计算式

$$\Delta t = \frac{2\,(t_a - t_e)}{y+1} \tag{4-2}$$

$$y = \frac{2C_p G}{PLU} \tag{4-3}$$

式中　G——送风量，kg/s；

　　　t_e——进入风管的空气初温，℃；

　　　U——风管的总传热系数，W/（m²·K）；

　　　P——风管的外周长，m；

　　　L——风管的长度，m；

　　　t_a——风管外的空气温度，℃。

4. 送风量

房间送风量是风机、风管、表冷器、末端装置等设备设计选择的依据，在送风系统设计中尤为重要。

焓湿图分析。焓湿图分析在低温送风系统设计中十分重要，房间实际可以达到的相对湿度、空调系统的送风量和设备负荷必须通过焓湿图分析才能确定。目前国内在进行舒适性空调设计时，大部分都不进行焓湿图分析，一般都是先采用空调冷负荷设计指标确定房间的空调负荷，并根

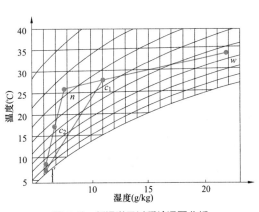

图 4-3　低温送风过程焓湿图分析

据规范或标准确定新风量，然后根据该负荷和新风量选择空调机组或新风机组，并且让空调设备的冷量大于空调负荷，安全系数的取值因人而异。由于安全系数一般取值偏大，所以采用这种设计方法一般均不会有什么大问题，然而采用这种设计方法由于只考虑了室内干球温度是否达到要求，而对室内湿度、区域温差等就无法考虑了。如果将这种不正确的空调设计方法用于低温送风系统，设计有可能完全失败。

低温送风系统的空调过程焓湿变化如图 4-3 所示。

图 4-3 中表示的空调过程如下：

n 一次混合	表冷去湿	风机及管道温升	n	末端二次混合	ε 线
$W \longrightarrow c_1$	$\longrightarrow I$	$\longrightarrow I'$		$\longrightarrow c_2$	$\longrightarrow n$

首先确定室内干球温度 t_n，根据确定的机器露点 I、风机和管道温升确定一次送风状态点 I'，过一次送风状态点 I' 作房间热湿比线 ε，交室内设计干球温度 t_n 线，即为室内状态点 n。室内状态点 n 与新风状态点 W 混合，得到一次混合点 c_1，混合点 c_1 经表冷去湿后得到机器露点 I，如此构成循环。若采用有二次回风的末端装置，室内状态点 n 与一次送风状态点 I' 混合得到二次混合点 c_2。

室内送风量的计算式

$$G=\frac{Q}{h_n-h_{c_2}} \qquad (4-4)$$

式中　　Q——房间冷负荷，kW；

　　　　h_n——室内空气 n 的焓，kJ/kg；

　　　　h_{c_2}——二次回风混合点 c_2 的焓，kJ/kg。

室内送风量的大小与末端形式的选择有关，即与末端的一次风与二次风的比例有关，但无论末端的形式如何，对低温送风全空气系统而言，一次低温风风量的大小是与末端形式无关，因此一次低温风的计算是低温送风系统设计的关键，是选取空调机组和风管设计的依据，一次低温风的送风量的计算式为

$$G_1=\frac{Q}{h_n-h_{I'}} \qquad (4-5)$$

式中　　G_1——一次低温风送风量，kg/s；

　　　　$h_{I'}$——一次送风点 I' 的焓，kJ/kg。

另外，风管温升和得热并非在什么情况下都只是能耗，而毫无益处。当低温风管位于空调区内时，在保证最小不凝露厚度的条件下，因风管得热带走了房间的热量，同样为房间提供了冷负荷，抵消了被空调房间的部分热量；因此，此时风管得热是有益的。当低温风管位于被空调区之外时，则应计入风管得热，此时为无谓得热，增加了能耗，所以要相应扩大空调机组容量以抵消该部分的得热负荷。

4.5　风管设计及保温防潮

4.5.1　风管设计

常用的风管一般分为圆形、椭圆形和矩形。圆形风管的强度大，消耗的材料少，沿程的压降、阻力、漏风量小，且易于安装。不过，圆形风管及它的局部设备占的有效空间大。大多数的工程中，用于安装设备的吊顶空间有限，因此在常规空调系统中常使用占空间小的矩形风管，而不是圆形风管。但在低温送风系统中，风量的减少导致了风管规格的降低，这就允许设计者选用性能较好的圆形或椭圆形风管。这对于提高整个送风系统的性能也是十分有利的。

低温送风空调系统风管设计与常规空调系统相比，应充分考虑强化绝热、管道布置形式以及到各送风口路径长短。从空调机到送风口的风道尽量以最短距离设计，使沿途

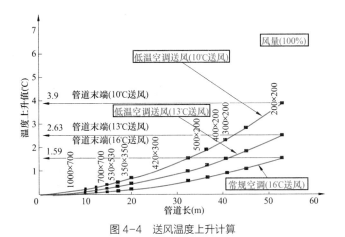

图4-4 送风温度上升计算

的热量减小。低温送风系统因送风温度低，送风量小，因此管道尺寸也较小。

图4-4表示不同送风温度条件下，随着风管沿途得热，送风温度上升情况。计算案例中，空调机出口到送风口的管道总长52m，采用先粗后细的矩形风管，各管道温升进行累加，平均比摩阻取0.98Pa/m，送风温度分别为16℃、13℃、10℃三种类型。

计算条件如下。

（1）空调系统：

1）低温送风系统（10℃送风），送风量14400m³/h。

2）低温送风系统（13℃送风），送风量17700m³/h。

3）常规送风系统（16℃送风），送风量29900m³/h。

（2）环境温度：26℃。

（3）管道长度：52m。

（4）保温材料：玻璃棉厚度为25mm，热导率为2.22W/（m²·℃）。

值得指出的是，尽管低温送风系统的风管末端温升比常规系统大很多，但从焓湿图上可知，在较低的送风露点温度条件下，风管沿途得热的等湿加热过程，随着送风温度的升高，焓值随温度变化的绝对值较小。

4.5.2 保温

低温送风系统风管的保温常用材料有：离心玻璃棉、酚醛泡沫和橡塑材料等，计算保温绝热材料厚度时，要依据风管内的送风温度、风管周围的空气露点温度外，还应考虑保温材料的使用年限，使保温材料在整个设计使用年限内能保证其外表面不结露。

对于低温送风管，保温材料的内外壁两侧始终存在着温差和湿度差，在水蒸气压力差的持续作用下，水汽会慢慢地渗入保温材料内部，随着使用时间的延长，材料的导热系数会逐渐增大，使按初始导热系数选定的保温层厚度变得不足而产生凝露。因此，应选用湿阻因子大、吸水性小的材料作保温材料，计算保温层厚度时必须考虑材料导热系

数的增大幅度，确保材料在使用年限内保持其应用性能。

保温层厚度计算应按照下列要求进行：

（1）对于设置在空调房间内的风管，保温厚度可以依据限制风管得热量所需要的保温层厚度确定，同时还要校核风管绝热层外表面温度，使其高于室内空气的露点温度。

（2）对于设置在非空调房间内的风管，保温绝热层厚度应根据可能遇到的最不利条件来确定。

（3）对于设置在某些非空调、高湿度环境（如用室外空气通风的机房、经受较高渗透率的吊平顶）内的风管，应以该干球温度与相对湿度为90%时的露点温度为设计露点温度来计算保温绝热层厚度。

回风管中的空气温度一般高于风管周围空气的露点温度，但预计到可能会低于周围空气的露点温度时，则也需要对回风管作保温计算。

为了防止水汽渗入保温层并在里面凝结，降低材料保温效果，对非闭孔的保温绝热材料必须设置一层连续、无破裂或穿孔的隔汽防潮层。

4.5.3 其他设计注意事项

低温送风空调系统的设计程序和常规空调方式基本相同，不同的是温度，大温差处理方面，设计阶段要把握好相应措施，以下是低温送风空调系统设计时应注意事项。

1. 送风温度避免过低

低温送风空调系统通过降低送风温度，减少送风量实现节能目的，同时由于去湿能力强，室内空气相对湿度较低。室内空气相对湿度不宜太低，如低于30%，可能会导致皮肤和黏膜干燥，易发生静电等令人不适的情况。因此，送风温度的设定一般要保证湿度不低于40%。

2. 送风量避免过小

低温送风空调系统风量减少，风机能耗降低。但换气次数太低，会影响室内空气的洁净度，故最小风量的设定应充分考虑新风换气次数。

3. 注意确保冷水的进回水温度差

采用低温送风空调系统时，冷水进出口温度差加大，输送动力才能大大降低。

但实际建筑物即使采用常规空调方式也不能保证温度差，设计温度差得不到保证的主要原因之一是：风机盘管系统设计考虑不周，一般常规风机盘管的盘管列数是2列，冷水进出口温度差很小，高峰负荷时，风机盘管系统用水量的比例还不算大；但在部分负荷时，低温度差的风机盘管系统用水量的比例占据很大。

4. 确保空调机密封与隔热处理

空调机的隔热、密封性能对节能影响很大。考虑空调机组设置场所的环境，一般程度上的绝热是必要的，送风温度和设备房温湿度条件在空调机制造铭牌上有说明，应确保空调机的绝热、密封性。

4.6　低温送风空调机组设计选型

4.6.1　低温送风表冷器的参数选择

低温送风系统冷却盘管的设计参数与常规系统冷却盘管的设计参数有较大的差别，见表4-8。

表 4-8　　　　　　　　　　　　　表冷器选择参数

项目名称	常规送风	低温送风
离开盘管的风温（℃）	12.8	5.6~10
进入盘管冷流体温度（℃）	5.6~7.2	2.2~5.6
迎面风速（m/s）	2.3~2.8	1.5~2.3
冷流体的温升范围（℃）	5.5~8.8	8.8~13.2

从表4-8中可以看出，低温送风系统的冷却盘管具有较低的离开风温、较低的介质进入温度、较低的迎面风速、在冷流体的供给与返回温度之间有较宽的变化范围等特点。

4.6.2　改善低温送风表冷器换热效果的途径

表冷器是实现低温送风的关键设备，与常规送风系统相比，改善低温送风表冷器换热效果从而实现低温送风显得尤为重要，目前主要有以下几个途径：

（1）增加表冷器排数。增加表冷器排数是为了补偿采用大温差后导致的冷量下降和出风温度升高。但一般不宜超过12排，否则，换热效果增加不多而空气阻力增加很多，造价也会过分增大。

（2）减小表冷器的片距。减小表冷器翅片片距来增大换热面积，可以不加大机组的外形尺寸，但会增加表冷器的造价，增大空气阻力，清洗困难，容易脏堵。

（3）降低冷水初温。降低表冷器进水温度，可以加大换热温差从而加大换热量。但要综合考虑降低冷冻水温度带来的对蓄冷装置的要求增高的不利因素。

（4）改变表冷器管程数。采用大温差供回水相同冷量下的冷水流量下降，因此加大管程数，提高水流速，可提高换热系数，从而加大表冷器的换热量，应该尽量考虑。但如水速过高，也会使水侧阻力过大。另外由于表冷器结构限制，也只能在有限范围之内调整管程数。

（5）改变表冷器翅片材质等方法。表冷器翅片涂亲水膜，促使冷凝水迅速流走，也会使产冷量加大。

但究竟何种方法更合适，要进行技术经济比较，关键是如何确定最佳的表冷器设计方案。从研究分析情况看，通过减小表冷器的片距来增加换热面积比增加表冷

器的排数更为有效，但减小片距受生产工艺的限制较大，只能在一个可行的范围内进行调整。

4.6.3 表冷器的设计方法

低温送风表冷器的设计方法、设计参数与常规送风系统存在很大的差别。表冷器的设计包括迎风尺寸、管数、排数、片距、换热面积等参数，热工计算需包括表冷器的迎面风速、水流速、换热系数、能达到的空气终温等参数。

表冷器的设计有多种方法，本书根据低温送风表冷器的特殊性提出了以下计算方法。具体设计是采用先按根据低温送风表冷器的特殊性选择合适的参数，即根据初始条件确定冷却盘管的类型，以提供设计用的参数表。然后根据已确定的表冷器的参数进行热工计算，结果是否满足设计要求，若不能满足需重新选择片距或改变排数。具体设计过程如图 4-5 所示。

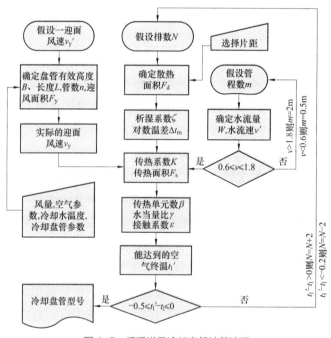

图 4-5　低温送风冷却盘管计算流程

下面以 ZST-nNL 型的冷却盘管为例介绍低温送风冷却盘管的设计过程。

（1）初始条件。

表冷器处理的风量，即一次低温风 G_1（kg/s）；

表冷器处理前空气参数 c_1 点：t_{c1}，φ_{c1}，h_{c1}；

表冷器处理后空气参数 l 点：t_1，φ_1，h_1；

冷冻水进出口温度：t_1，t_2。

表冷器处理的冷量 Q_0，冷量计算式为

$$Q_0 = G_1 \times (h_{c1} - h_1')\qquad(4\text{-}6)$$

式中 Q_0——表冷器处理冷量，kW；

G_1——室内送风量，kg/s；

h_{c1}——表冷前空气参数的焓值，kJ/kg；

h_1'——表冷后空气参数的焓值，kJ/kg。

（2）确定迎面风速。

在确定好类型后，假设迎面风速 v_y' =2m/s，通过冷却盘管的风量确定其有效长度，然后可以通过以下步骤计算实际迎面风速，则有

$$F_y' =G/(v_y' \rho) \tag{4-7}$$

$$B=F_y'/L \tag{4-8}$$

$$n=B/D（取整） \tag{4-9}$$

$$F_y=nDL \tag{4-10}$$

$$v_y=G/F_y \tag{4-11}$$

式中 v_y'——假设迎面风速，m/s；

F_y'——假设迎风面积，m^2；

v_y——实际迎面风速，m/s；

F_y——实际迎风面积，m^2；

ρ——空气密度，kg/m^3；

B——有效高度，m；

n——冷却盘管管数；

D——管距，m（取 0.038m）；

L——有效长度，m（该值通过风量给出一个初设值，可参考表 4-9，也可以根据空调机组的尺寸给定）。

表 4-9　　　　　　　　　　表冷器的有效长度 L 参考表

一次低温风风量 G_1（m^3/h）	表冷器的有效长度 L（mm）	一次低温风风量 G_1（m^3/h）	表冷器的有效长度 L（mm）
≤ 3000	710	12000	1400
4000	850	15000	1550
5000	910	16000	1750
6000	1050	18000	1750
7000	1050	20000	1850
8000	1200	24000	1950
9000	1300	30000	2050
10000	1400	35000	2150

（3）确定冷却水流速。

先假设盘管为单回路（即管程数 $m=1$），可以通过下面的公式计算冷却水流速，则有

$$F_w=\pi mn\left(D/2\right)^2 \tag{4-12}$$

$$W=\frac{G\left(h_{c1}-h_1\right)}{C_p\left(t_2-t_1\right)} \tag{4-13}$$

$$v=W/\left(F_w\times1000\right) \tag{4-14}$$

式中　m——管程数；

　　　F_w——水通断面积，m^2；

　　　W——水流量，kg/s；

　　　v——冷却水水流速，m/s。

若 $v>1.8$m/s，则增加管程数，即 $m=2$；若 $v<0.6$m/s，则减少管程数，即 $m=0.5$，重复上面的计算，直至 $0.6\leqslant v\leqslant1.8$，此时的 v 即合理的冷却水流速。

（4）表冷器传热系数的拟和。

常规送风系统中的表冷器的传热系数 K[W/（$m^2\cdot$℃）] 为

$$K=\left[\frac{1}{30.247v_y^{.0.571}\zeta^{0.908}}+\frac{1}{191.835v^{0.8}}\right]^{-1} \quad\left(N=8\right) \tag{4-15}$$

$$K=\left[\frac{1}{28.566v_y^{.0.580}\zeta^{0.955}}+\frac{1}{183.604v^{0.8}}\right]^{-1} \quad\left(N=10\right) \tag{4-16}$$

低温送风表冷器的传热系数 K 的计算公式是设计表冷器的关键，必须通过实验数据拟合得到适用于低温送风表冷器的传热系数的计算公式。为得到低温送风表冷器的传热系数的计算公式，采用一只 ZST1012/410-2.3 表冷器做低温送风的实验，表冷器的设计参数见表 4-10。

表 4-10　　　　　　　ZST1012/410-2.3 型表冷器设计参数

序号	名称	技术参数
1	表冷前空气干球/湿球温度（℃）	28.3/19.6
2	表冷后空气干球/湿球温度（℃）	8.1/7.8
3	处理风量（m^3/h）	1400
4	进出水温度（℃）	4/13.5
5	水流量（m^3/h）	1.29
6	处理冷量（kW）	14.257
7	表冷器排数（排）	10
8	表冷器片距（mm）	2.3

续表

序号	名称	技术参数
9	表冷器传热面积（m²）	45.5
10	表冷器迎风面积（m²）	0.19
11	表冷器水通断面积（m²）	0.00055

实验中使表冷前的进风参数和送风量维持在设定值，通过改变水侧的参数得到系列实验结果见表4-11。

表4-11 低温送风表冷器的实验结果（水为介质）

实验次数 实验项目	1	2	3	4	5	6
表冷前空气干球温度（℃）	28.3	28.3	28.3	28.3	28.3	28.3
表冷前空气湿球温度（℃）	19.6	19.6	19.6	19.6	19.6	19.5
表冷后空气干球温度（℃）	9.8	9.0	11.8	11.1	10.2	8.2
表冷后空气湿球温度（℃）	9.4	8.6	11.3	10.7	9.7	7.7
风量（m³/h）	1400	1400	1400	1400	1400	1400
风侧冷量（kW）	13.3	14.23	11.13	11.84	13	14.97
进水温度（℃）	4	4	7	6.2	4.7	3.3
出水温度（℃）	12.5	11.6	14.3	13.8	13	10.5
水流量（m³/h）	1.25	1.56	1.29	1.29	1.29	1.73
水阻力（kPa）	20	27.9	17.3	18.3	19.9	33.6
水侧冷量（kW）	12.39	13.83	10.96	11.42	12.5	14.5
平均冷量（kW）	12.87	14.03	11.05	11.63	12.75	14.74

设计计算采用的常规送风表冷器的换热系数公式（4-16），通过实验数据拟合得到低温送风表冷器的传热系数 $K_1[\mathrm{W}/（\mathrm{m}^2·℃）]$ 的计算公式为

$$K_1=\left[\frac{1}{28.566\,v_y^{.0.580}\zeta^{0.955}}+\frac{1}{183.604v^{0.8}}\right]^{-1}\times0.70 \qquad （4-17）$$

该公式为低温送风表冷器的设计提供了实验依据。

（5）能达到的空气终温 t_1'。

假设盘管排数 $N=8$，选择盘管的片距，根据片距确定盘管的散热面积 F_d，表4-12为不同片距的散热面积系数 α。

表 4-12 不同片距的散热面积系数

片距	3.2	2.8	2.5	2.3	20
α	0.699	0.792	0.880	0.952	1.087

散热面积计算式为

$$F_d = a\ln N \qquad (4-18)$$

析湿系数 ξ 为

$$\xi = \frac{h_{c1} - h_1}{C_P(t_{c1} - t_1)} \qquad (4-19)$$

所需的传热面积 F_s（m²）为

$$F_s = \frac{G(h_{c1} - h_1)}{K_1 \Delta t_m} \qquad (4-20)$$

传热单元数 β 为

$$\beta = \frac{KF_s}{\xi C_P G} \qquad (4-21)$$

水当量比 γ 为

$$\gamma = \frac{\xi G C_P}{W_c} \qquad (4-22)$$

能达到的接触系数 ε 为

$$\varepsilon = \frac{1 - e^{-\beta(1-\gamma)}}{1 - \gamma e^{-\beta(1-\gamma)}} \qquad (4-23)$$

能达到的空气终温 t_1' 为

$$t_1' = t_{c1} - \varepsilon(t_{c1} - t_1) \qquad (4-24)$$

将能达到的空气终温与冷却盘管后空气应达到的温度 t_1 比较，如果 $-0.2 \leqslant t_1' - t_1 \leqslant 0$，则冷却盘管设计满足要求，冷却盘管型号为 ZST-nN/L- 片距。如果 $t_1' - t_1 > 0$，则

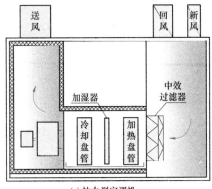

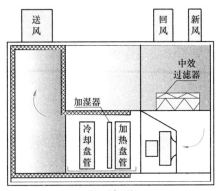

图 4-6 低温送风空调机种类

冷却盘管排数 N 加 2；如果 $t_1' - t_1 < -0.2$，则冷却盘管排数 N 减 2，重新计算，直至满足要求。

4.6.4　抽力型空调机和压入型空调机

低温送风空调机分两种类型，表冷器下游侧设置送风机的称为抽力型空调机；而在表冷器上游侧设置送风机称为压入型空调机，如图 4-6 所示。

两种空调机不同点在于通过送风机时温度的上升。抽力型空调机，风机设置在表冷器之后，空调机出口空气温度比表冷器出口温度要高。而压入型空调机，风机设置在表冷器前，空调机出口空气温度等于表冷器出口温度。因此，在同样空调机出口温度情况下，抽力型空调机和压入型空调机相比，冷却盘管出口温度要低，建议对于要求具有较低的送风温度系统采用压力型，一般项目以采用抽力型的居多。

第 5 章

变风量空调创新设计

变风量空调系统主要设备包括,空调机组（AHU）、变风量末端风量控制阀（VAVBOX）、传感器、控制器、风阀执行器等，这些产品一方面技术门槛相对较高，长期依赖进口，是造成系统造价居高不下的重要原因；另一方面，将用于控制房间风量的末端装置人为割裂成机械、传感仪表、控制与电力驱动等生产厂家提供，从而缺乏对末端装置功能承担责任的主体，这也是现有产品不适应中国市场的重要原因。近年来，国内一些科研院所和企业不遗余力开展研究并不断创新，针对中国国情，自主研发出机电仪控一体化的变风量末端装置（VAV-TMN）、低温风口以及变风量智能控制柜，大大简化了变风量空调设计、安装调试的技术难度，走出了一条具有中国特色的变风量空调创新设计之路。

变风量空调创新设计主要是在变风量空调智慧控制柜、变风量末端装置、诱导型低温风口以及中央控制管理平台系统等方面，将一个需要多专业配合的复杂系统转变为对这些产品的正确选型即可。

新型变风量空调系统网络结构如图5-1所示。

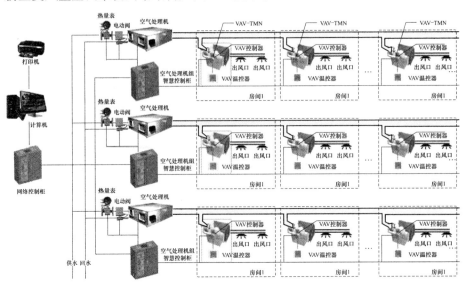

图5-1　新型变风量空调系统网络结构图

5.1　新型变风量末端装置（VAV-TMN）设计选型

5.1.1　产品结构

新型变风量末端装置（Variable Air Volume Terminal，VAV-TMN）为机电仪控一体化组件，变风量箱体和控制部件采用一体化设计制造（见图5-2）。

箱体部分包括壳体、一次进风口（圆筒形）、风量传感器、末端风机（风机动力型）、风阀、吊耳、电控箱、回风过滤网（动力型）、内敷保温消声棉以及可选配部件（如热水盘管、热水盘管电动阀、电加热盘管、出风静压箱、消声器）等。

控制部分包括一体化变风量控制器（含风阀执行器）、风机调速器（动力型）、变压器、室内温控器、热水盘管阀门控制器或电加热控制器等。这些产品的应用和选择可根据项目设计或施工要求进行选择组合。

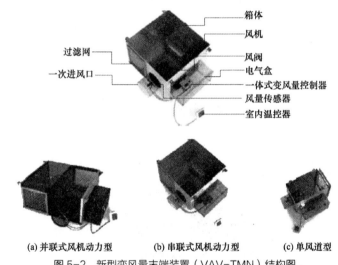

(a) 并联式风机动力型　　(b) 串联式风机动力型　　(c) 单风道型

图 5-2　新型变风量末端装置（VAV-TMN）结构图

5.1.2　产品选型

1. 新型变风量末端装置产品型号说明

新型变风量末端装置产品型号说明见表5-1。

表 5-1　　　　　　　　　　　新型变风量末端装置产品型号说明

型号组成	RPV □□□□□
编　　号	1　2　3　4　5　6　7
编号说明	1：RP——新型（RUNPAQ）简称
	2：V——VAV-TMN
	3：VAV 末端装置类型 B：表示是并联式风机动力型 VAV-TMN C：表示是串联式风机动力型 VAV-TMN D：表示是单风道型 VAV-TMN

编号说明	4：压力相关性 X：表示压力相关型 VAV-TMN；默认时，表示压力无关型 VAV-TMN
	5：一次风进风口名义直径 实际直径为名义直径 ×10，单位为 mm
	6：电气盒安装位置 L：左式 R：右式
	7：所带再热配件型号 W：表示热水盘管，1~6 表示型号 E：表示电加热盘管，1~5 表示型号 默认：则表示该 VAV-TMN 不带配件
举例	（1）RPVC16L：新型串联式风机动力型 VAV-TMN，压力无关型，一次风进风口名义直径为160mm，电气盒安装位置为左式
	（2）RPVBX16R-W2：新型并联式风机动力型 VAV-TMN，压力相关型，一次风进风口名义直径为160mm，带 W2 型热水盘管，电气盒安装位置为右式

（1）单风道型 VAV-TMN 产品选型参数，如图 5-3 所示及见表 5-2。

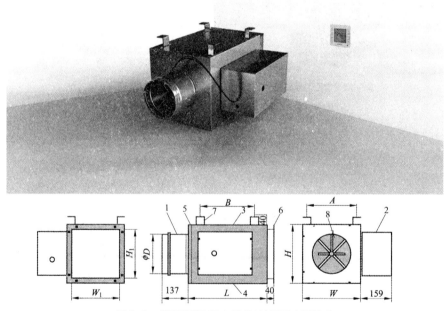

图 5-3　单风道型 VAV-TMN 外形尺寸及组成

1—进风筒；2—电控箱；3—主体板；4—底板；5—进风口板；6—送风法兰；7—吊耳；8—毕托管件

表 5-2　　　　　　　　　　　单风道型 VAV-TMN 性能参数表

型号	风量范围 (m³/h)	ϕD (mm)	W (mm)	L (mm)	H (mm)	A (mm)	B (mm)	$W_1 \times H_1$ (mm × mm)
RPVD10L	83~275	99	213	350	253	166	220	160 × 200
RPVD12L	120~400	119	213	350	253	166	220	160 × 200
RPVD16L	198~660	159	303	350	253	256	220	250 × 200
RPVD20L	336~1120	199	303	400	303	256	270	250 × 250
RPVD25L	525~1750	249	453	400	303	406	270	400 × 250
RPVD32L	836~2785	314	453	400	378	406	270	400 × 325
RPVD40L	1350~4500	399	553	450	453	506	320	500 × 400

（2）串联式风机动力型 VAV-TMN 产品选型参数，如图 5-4 所示及见表 5-3。

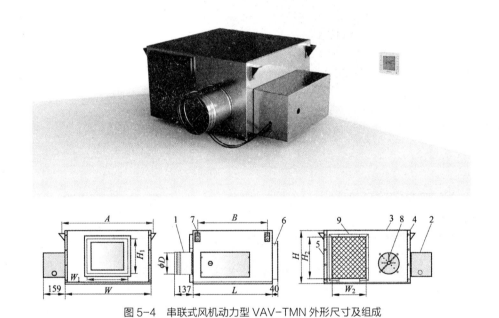

图 5-4　串联式风机动力型 VAV-TMN 外形尺寸及组成

1—进风筒；2—电控箱；3—主体板；4—侧板 1；5—侧板 2；6—送风法兰；7—吊耳；8—毕托管件；
9—回风过滤框

表 5-3　　　　　　　　　　串联式风机动力型 VAV-TMN 性能参数表

型号	一次风		串联风机			ϕD (mm)	W (mm)	L (mm)	H (mm)	$W_1 \times H_1$ (mm × mm)	$W_2 \times H_2$ (mm × mm)	A (mm)	B (mm)
	风量 (m³/h)	阻力 (Pa)	风量 (m³/h)	余压 (Pa)	功率 (W)								
RPVC12L	400	15	900	100	90	119	630	580	390	300 × 255	250 × 305	670	510
RPVC16L	660	15				159							

型号	一次风 风量（m³/h）	阻力（Pa）	串联风机 风量（m³/h）	余压（Pa）	功率（W）	φD（mm）	W（mm）	L（mm）	H（mm）	W₁×H₁（mm×mm）	W₂×H₂（mm×mm）	A（mm）	B（mm）
RPVC20L	1120	20	1900	110	200	199	740	680	430	350×280	300×330	780	610
RPVC25L	1750	20				249							
RPVC32L	2785	25	2800	150	375	314	940	720	450	350×325	400×355	980	650
RPVC40L	4500	25	2250×2	150	375×2	399	1240	820	460	690×305	600×355	1280	750

（3）并联式风机动力型 VAV-TMN 产品选型参数，如图 5-5 所示及见表 5-4。

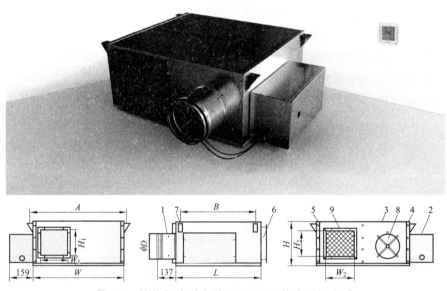

图 5-5 并联式风机动力型 VAV-TMN 外形尺寸及组成

1—进风筒；2—电控箱；3—主体板；4—侧板1；5—侧板2；6—送风法兰；7—吊耳；8—毕托管件；
9—回风过滤框

表 5-4　　　　　　　　并联式风机动力型 VAV-TMN 性能参数表

型号	一次风 风量（m³/h）	阻力（Pa）	并联风机 风量（m³/h）	余压（Pa）	功率（W）	φD（mm）	W（mm）	L（mm）	H（mm）	W₁×H₁（mm×mm）	W₂×H₂（mm×mm）	A（mm）	B（mm）
RPVB12L	400	15	240	50	77	119	640	580	280	250×205	250×205	680	510
RPVB16L	660	15	450	50	77	159							
RPVB20L	1120	20	800	100	250	199	720	600	280	250×205	250×205	760	530
RPVB25L	1750	20	1200	100	90	249	800	650	390	305×305	305×305	840	580

型号	一次风		并联风机			ϕD (mm)	W (mm)	L (mm)	H (mm)	$W_1 \times H_1$ (mm × mm)	$W_2 \times H_2$ (mm × mm)	A (mm)	B (mm)
	风量 (m³/h)	阻力 (Pa)	风量 (m³/h)	余压 (Pa)	功率 (W)								
RPVB32L	2785	25	1900	100	200	314	980	720	430	355 × 355	355 × 355	1020	650
RPVB40L	4500	25	2800	150	375	399	1100	810	460	400 × 380	400 × 380	1140	740

2. 新型 VAV- TMN 运行控制模式及性能

新型 VAV-TMN 运行控制模式及性能见表 5-5。

表 5-5   **新型 VAV-TMN 运行控制模式及功能**

产品分类	运行控制模式	产品性能
单风道型	具备夏季和冬季控制两种功能，根据设定温度与实测温度偏差计算设定风量，根据设定风量与实际风量偏差调节风阀开度	制冷、制热模式选择； 最大、最小风量设定； 室内温、湿度显示、设定温度调整； 故障自诊断； 远程监控风量、温度、阀位等参数，远程开关机； 风量计量收费； 热水阀门和电加热盘管控制； 风机转速调节，标配三挡调速，选配无级调速； 通过温控器面板设定、查看地址无线通信模块，支持433M的无线通信（选配）； 风量控制精度 ≤ ±5%； 箱体漏风量 ≤ 1% 额定风量（压差1000Pa 时）； 阀体漏风量 ≤ 0.5% 额定风量（压差1000Pa 时）； 7℃低温送风不结露（环境温度26℃/湿度60%）
单风道型 + 热水盘管	具备夏季和冬季控制两种功能。夏季根据设定温度与实测温度偏差计算设定风量，根据设定风量与实际风量偏差调节风阀开度；冬季保证最小一次风量，根据温度偏差开启或关闭热水阀	
单风道型 + 电加热	具备夏季和冬季控制两种功能。夏季根据设定温度与实测温度偏差计算设定风量，根据设定风量与实际风量偏差调节风阀开度；冬季保证最小一次风量，根据温度偏差开起或关闭电加热盘管，电加热盘管分三级控制	
串联式风机动力型	具备夏季和冬季控制两种功能，具备手动三挡调速或无级调节风机转数功能。风机连续运行，根据设定温度与实测温度偏差计算设定风量，根据设定风量与实际一次风量偏差调节风阀开度	
串联式风机动力型 + 热水盘管	具备夏季和冬季控制两种功能，具备手动三挡调速或无级调节风机转数功能。风机连续运行，夏季根据设定温度与实测温度偏差计算设定风量，根据设定风量与实际风量偏差调节风阀开度；冬季保证一次风最小一次风量，风机开起，根据温度偏差开起或关闭热水阀	
串联式风机动力型 + 电加热	具备夏季和冬季控制两种功能，具备手动三挡调速或无级调节风机转数功能。风机连续运行，夏季根据设定温度与实测温度偏差计算设定风量，根据设定风量与实际风量偏差调节风阀开度；冬季保证一次风最小一次风量，风机开起，根据温度偏差开起或关闭电加热盘管，电加热盘管分三级控制	
并联式风机动力型	具备夏季和冬季控制两种功能，具备手动三挡调速或无级调节风机转数功能。夏季工况，根据设定温度与实测温度偏差计算设定风量，根据设定风量与实际风量偏差调节风阀开度，风机通常不开，仅在最小风量下开起；冬季工况，根据设定温度与实测温度偏差计算设定风量，根据设定风量与实际风量偏差调节风阀开度，风机开起	
并联式风机动力型 + 热水盘管	具备夏季和冬季控制两种功能，具备手动三挡调速或无级调节风机转数功能。夏季工况，根据设定温度与实测温度偏差计算设定风量，根据设定风量与实际风量偏差调节风阀开度，风机通常不开，仅在最小风量下开起；冬季保证一次风最小一次风量，风机开起，根据温度偏差开起或关闭电加热盘管，电加热盘管分三级控制	

3. 产品功能配置

产品功能配置见表 5-6。

表 5-6 产品功能配置表

分类		单风道型（RPVD）	串联动力型（RPVC）	并联动力型（RPVB）
箱体结构配置	箱体	●	●	●
	电控箱	●	●	●
	热水盘管（含电磁阀或电动开关阀）	—	—	—
	电加热器（含电控盒）	—	—	—
	风机（含电动机）	○	●	●
	左式机	●	●	●
	右式机			○
	再热单元在送风侧	●	●	—
	再热单元在回风侧	—	—	●
	压力无关控制	●	●	●
	压力相关控制	—	—	—
控制部分配置	VAV 控制器	●	●	●
	VAV 温控器（挂壁式）	●	●	●
	VAV 温控器（吊顶式）	—	—	—
	风机三挡调速	○	●	●
	风机无级调速	○	—	—
	单冷型	—	—	—
	冷暖型	●	●	●
	再热单元控制器	—	—	—
	220V/12V 变压器	●	●	●
	空气开关	—	●	●
	MODBUS 通信协议	●	●	●
	BACnet 通信协议	—	—	—
	RS485 通信接口	●	●	●
	控制器无线通信	—	—	—

注 "●"表示标配，"○"表示无此配置，"—"表示根据具体情况选配。

4. 其他技术参数

（1）噪声参数。变风量末端的噪声包括出口噪声和辐射噪声。噪声指标需要经过详细分析计算，通过合理的系统设计、设备选型、控制策略分析、安装调试才能达到噪声控制要求。

单风道型 VAV-TMN 噪声参数见表 5-7。

表 5-7　　　　　　　　　　　　单风道型 VAV-TMN 噪声参数

型号	风量（m³/h）	最小静压（Pa）	ΔP_s=125Pa		ΔP_s=250Pa		ΔP_s=500Pa		ΔP_s=750Pa	
			辐射噪声	出口噪声	辐射噪声	出口噪声	辐射噪声	出口噪声	辐射噪声	出口噪声
RPVD 10L	85	5	<20	<20	<20	<20	<20	<20	<20	21
	180	5	<20	<20	<20	<20	<20	21	<20	27
	275	12	<20	<20	<20	<20	20	28	25	33
RPVD 12L	120	5	<20	<20	<20	<20	<20	22	<20	21
	260	12	<20	<20	<20	22	<20	26	20	28
	400	15	<20	<20	<20	24	23	31	31	39
RPVD 16L	200	8	<20	<20	<20	<20	<20	24	<20	26
	430	16	<20	<20	<20	25	21	29	26	34
	660	20	<20	24	21	29	30	38	32	40
RPVD 20L	340	9	<20	<20	<20	21	<20	26	20	28
	730	16	<20	<20	<20	25	22	30	28	36
	1120	25	<20	24	22	30	26	34	32	40
RPVD 25L	530	10	<20	<20	<20	24	20	28	25	33
	1140	18	<20	20	21	29	24	32	26	34
	1750	23	<20	24	27	35	31	39	35	43
RPVD 32L	840	8	<20	<20	<20	27	29	37	32	40
	1820	16	<20	23	29	37	31	39	35	43
	2800	25	22	30	32	40	33	41	38	46
RPVD 40L	1350	9	<20	<20	22	30	29	37	35	43
	2950	15	<20	26	27	35	32	40	37	45
	4500	28	23	31	32	40	36	44	41	49

注　1. ΔP_s 为变风量末端入口静压，指风阀处于全开状态时在对应风量下所需的入口静压。
　　2. 所有噪声为声功率级噪声，单位：dB。
　　3. 所有数据基于机组出口静压 62.5Pa 时，参照 AHRI Standard 880—2011 标准测试。
　　4. 表中列出的噪声 NC 值是已经按照 AHRI 885—2008 标准中给出的各种噪声吸收作用，包括环境、吊顶和室内消声和管道等吸声因素扣除后得到的相应变风量末端一定风量下对应的室内噪声标准。

串联式风机动力型 VAV-TMN 噪声参数见表5-8。

表 5-8　　　　　　　　　　　串联式风机动力型 VAV-TMN 噪声参数

型号	风量（m³/h）	最小静压（Pa）	$\Delta P_s=125Pa$		$\Delta P_s=250Pa$		$\Delta P_s=500Pa$		$\Delta P_s=750Pa$	
			辐射噪声	出口噪声	辐射噪声	出口噪声	辐射噪声	出口噪声	辐射噪声	出口噪声
RPVC 12L	120	5	<20	<20	<20	<20	24	26	23	25
	290	14	<20	<20	24	26	28	30	30	32
	460	19	24	26	26	28	33	35	41	43
RPVC 16L	200	10	<20	<20	21	23	26	28	28	30
	430	16	<20	<20	27	29	31	33	36	38
	660	22	29	31	31	33	40	42	42	44
RPVC 20L	340	11	<20	<20	23	25	28	30	30	32
	730	19	24	26	27	29	32	34	38	40
	1120	27	29	31	32	34	36	38	42	44
RPVC 25L	530	11	10	<20	26	28	30	32	35	37
	1140	23	25	27	31	33	34	36	36	38
	1750	29	29	31	37	39	41	43	42	44
RPVC 32L	840	14	23	25	29	31	39	41	42	44
	1820	25	28	30	36	38	41	43	42	44
	2800	31	35	37	39	41	43	45	43	45
RPVC 40L	1350	16	25	27	32	34	39	41	42	44
	2925	28	31	33	37	39	42	44	44	46
	4500	33	36	38	40	42	44	46	46	48

注　1. ΔP_s 为变风量末端入口静压，指风阀处于全开状态时在对应风量下所需的入口静压。
　　2. 所有噪声为声功率级噪声，单位：dB。
　　3. 所有数据基于机组出口静压 62.5Pa 时，参照 AHRI Standard 880—2011 标准测试。
　　4. 表中列出的噪声 NC 值是已经按照 AHRI Standard 885—2008 标准中给出的各种噪声吸收作用，包括环境、吊顶和室内消声和管道等吸声因素扣除后得到的相应变风量末端一定风量下对应的室内噪声标准。
　　5. 所有数据为风机开起，100% 一次风工况下的测试值。

并联式风机动力型 VAV-TMN 噪声参数见表 5-9。

表 5-9　　　　　　　　　　并联式风机动力型 VAV-TMN 噪声参数

型号	风量 (m³/h)	最小静压 (Pa)	ΔP_S=125Pa		ΔP_S=250Pa		ΔP_S=500Pa		ΔP_S=750Pa	
			辐射噪声	出口噪声	辐射噪声	出口噪声	辐射噪声	出口噪声	辐射噪声	出口噪声
RPVB 12L	120	5	<20	<20	<20	<20	24	26	23	25
	290	14	<20	<20	24	26	28	30	30	32
	460	19	24	26	26	28	33	35	41	43
RPVB 16L	200	10	<20	<20	21	23	26	28	28	30
	430	16	<20	<20	27	29	31	33	36	38
	660	22	29	31	31	33	40	42	42	44
RPVB 20L	340	11	<20	<20	23	25	28	30	30	32
	730	19	24	26	27	29	32	34	38	40
	1120	27	29	31	32	34	36	38	42	44
RPVB 25L	530	11	10	<20	26	28	30	32	35	37
	1140	23	25	27	31	33	34	36	36	38
	1750	29	29	31	37	39	41	43	42	44
RPVB 32L	840	14	23	25	29	31	39	41	42	44
	1820	25	28	30	36	38	41	43	42	44
	2800	31	35	37	39	41	43	45	43	45
RPVB 40L	1350	16	25	27	32	34	39	41	42	44
	2925	28	31	33	37	39	42	44	44	46
	4500	33	36	38	40	42	44	46	46	48

注　1. ΔP_S 为变风量末端入口静压，指风阀处于全开状态时对应风量下所需的入口静压。
　　2. 所有噪声为声功率级噪声，单位：dB。
　　3. 所有数据基于机组出口静压 62.5Pa 时，参照 AHRI Standard 880—2011 标准测试。
　　4. 表中列出的噪声 NC 值是已经按照 AHRI Standard 885—2008 标准中给出的各种噪声吸收作用，包括环境、吊顶和室内消声和管道等吸声因素扣除后得到的相应变风量末端一定风量下对应的室内噪声标准。
　　5. 所有数据为风机开起，100% 一次风工况下的测试值。

（2）风机技术参数见表 5-10。

表 5-10　　　　　　　　　　　　风机技术参数表

风机编号	对应产品型号	风机高挡		风机中挡		风机低挡		最大运行电流（A）	最大余压（Pa）	电源
		风量（m³/h）	电动机功率（W）	风量（m³/h）	电动机功率（W）	风量（m³/h）	电动机功率（W）			
01	RPVB12L RPVB16L	640~730	77	480~560	67	370~420	62	0.67	80	220V/单相/50Hz
02	RPVB20L	810~920	100	710~760	90	600~670	85	0.75	100	
03	RPVC12L RPVC16L RPVB25L	1000~1500	115	950~1300	97	850~1100	90	1.1	120	
04	RPVC20L RPVC25L RPVB32L	1400~2000	205	1100~1600	185	1000~1300	160	2	120	
05	RPVC32L RPVC40L RPVB40L	2400~2900	365	2100~2600	340	1900~2300	325	2800	150	

注　以上风机分为高、中、低三挡调速，亦可选直流无刷电动机无级调速。

（3）热水盘管技术参数。当变风量末端装置采用末端再热方式时，可根据需要选用热水盘管或电加热盘管。

热水盘管安装在 VAV-TMN 的送风口或回风口，并联型一般安装于回风口，可以由工厂完成组装，也可以在现场安装。盘管采用铜管串铝翅片，并且翅片用机械涨管的形式保证最大的热传递。盘管的接管方向与 VAV-TMN 的控制盒方向同侧。一般在热水回水管上安装电动开关阀或电磁阀，根据房间温控器的温度信号进行控制，保证供热时房间温度稳定在设定值。

热水盘管外形尺寸如图 5-6 所示，热水盘管尺寸及性能参数见表 5-11。

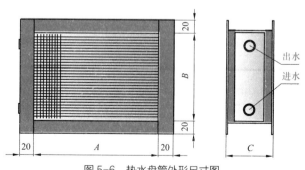

图 5-6　热水盘管外形尺寸图

表 5-11　　　　　　　　　　　　　　　　热水盘管尺寸及性能参数表

编号	对应产品型号	尺寸				风侧	加热量（kW）	
		A（mm）	B（mm）	C（mm）1 排盘管	C（mm）2 排盘管	风量（m³/h）	1 排盘管	2 排盘管
W1	RPVD10L RPVD12L	160	200			120	1.2	1.8
						260	1.5	2.2
						400	1.8	2.5
W2	RPVD16L RPVB12L RPVB16L	250	200			300	1.4	2.2
						430	1.8	2.8
						660	2.1	3.0
W3	RPVD20L RPVC12L RPVC16L	300	255			400	1.6	2.7
						730	2.5	3.6
						1120	3.3	5.1
W4	RPVD25L RPVB20L RPVB25L RPVC20L	305	305	130	160	850	2.2	4.3
						1140	3.5	6.8
						1750	4.4	8.2
W5	RPVD32L RPVB32L RPVC25L	355	355			1300	5.1	7.8
						1950	5.1	9.6
						3200	6.5	13.1
W6	RPVD40L RPVB40L RPVC32L RPVC40L	400	380			2300	8.2	15.1
						3500	10.5	21.2
						4500	13.2	25.0

注　1. 表中所有数据基于进水温度为 60℃，出水温度为 50℃，进口风温为 20℃时，直径为 DN20 盘管的实测值。
　　2. 为获得散流器的最佳运行性能，送风温度最好在室内设计温度 +10℃范围内。
　　3. 如实际设计参数与上述测试条件不符，则需联系厂家进行必要的修正。

电加热盘管由工厂组装在 VAV-TMN 的送风口，并且与 VAV-TMN 连锁，确保无送风气流时不能开起电加热盘管。电加热盘管一般采用三级，根据房间温控器的温度信号进行控制，保证供热时的房间温度稳定在设定值。

电加热盘管外形尺寸如图 5-7 所示，电加热盘管尺寸及性能参数见表 5-12。

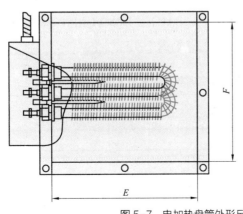
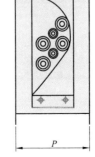

图 5-7　电加热盘管外形尺寸图

表 5-12 　　　　　　　　　　电加热盘管尺寸及性能参数表

编号	尺寸			风侧	加热量（kW）	
	E（mm）	F（mm）	P（mm）	风量（m³/h）	最小加热量	最大加热量
E1	250	200		600	1.5	3.5
E2	300	255		1200	2.4	5.2
E3	305	305	140	1800	4.5	8.5
E4	355	355		3200	7.4	12.5
E5	400	380		4000	10.3	20.0

5.2　新型变风量空调智慧控制柜设计选型

5.2.1　RM5600 变风量空调智慧控制柜

变风量空气处理机组启停与控制采用强弱电一体化设计，变风量空调智慧控制柜内置变频器、变风量智慧控制器、智能电能表（选配）、空气断路器、接触器等主要设备，实现对变风量空气处理机组的供电及全面控制。该控制柜具有以下控制功能：

（1）实现风机的启停和变频控制。

（2）实现对电动水阀、电动风阀等执行器以及温度、湿度、静压、CO_2、PM2.5 等传感器的监视与控制。

（3）配置彩色触摸屏，与变风量智慧控制器连接，实现就地的参数设定与监视。

（4）变风量智慧控制器内置变风量控制程序，可实现定静压、变静压、可变静压、总风量等不同控制策略，设计师和调试人员可根据项目特点进行程序自由配置。

（5）内置电能表，自动记录风机耗电量参数；同时采集空气处理机组热量表参数，可提供空气处理机组能效评价，并将相关数据传输至上位机。

（6）控制柜具有自动加班申请功能，即通过触摸屏进行加班申请设置，信息可传至上位机并与冷热源机房进行通信。

（7）空调机控制带手自动转换开关，及运行停止指示。

（8）变频器采用主流品牌产品，带操作面板，实现手自动切换。

（9）通信协议采用 PROFIBUS、MODBUS、BACnet、LONWORKS 等国际通用标准协议。

RM5600 变风量空调智慧控制柜选型配置见表 5-13。

表 5-13 　　　　　　　　RM5600 变风量空调智慧控制柜选型配置表

设备型号	单台风机额定功率（kW）	单台风机额定电流（A）	进/出线电缆规格	质量（kg）	柜体形式	柜体尺寸（$H \times W \times D$）（mm×mm×mm）	包装尺寸（$H \times W \times D$）（mm×mm×mm）
RM5600-RC37	0.37	1.2					
RM5600-RC75	0.75	2.2	YJV-5X2.5	120	壁挂式双开门	1000×800×350	1050×830×400
RM5600-R1C5	1.5	3.7					

续表

设备型号	单台风机额定功率（kW）	单台风机额定电流（A）	进/出线电缆规格	质量（kg）	柜体形式	柜体尺寸（H×W×D）（mm×mm×mm）	包装尺寸（H×W×D）（mm×mm×mm）
RM5600-R2C2	2.2	5.1		120			
RM5600-R3C0	3	7.2					
RM5600-R4C0	4	9.1	YJV-5X2.5		壁挂式双开门	1000×800×350	1050×830×400
RM5600-R5C5	5.5	12		140			
RM5600-R7C5	7.5	15.5					
RM5600-R11C	11	23	YJV-5X4				
RM5600-R15C	15	31	YJV-5X6				
RM5600-RC-AF	≥ 18.5	≥ 37	定制	定制	定制	定制	定制

注 柜内含新型变风量智慧控制器、智能电能表、变频器、空气断路器、接触器等元器件，主要元器件为国内外主流品牌产品。

1. 传感器、检测仪表配置

传感器、检测仪表配置见表5-14。

表5-14 传感器、检测仪表配置表

序号	传感器、检测仪表名称	安装位置	功能	技术参数要求
1	送风温度传感器	送风管，距离出风口0.5~1.0m处	监控，配套送风温度优化控制技术，可控制送风温度	供电电压DC/AC24V，0~10VDC输出，0~50℃，风管插入式
2	送风湿度传感器	送风管，距离出风口0.5~1.0m处	监视，对送风相对湿度进行监视	供电电压AC24V，0~10VDC输出，0~100%，风管插入式
3	风管静压传感器	主风管上，距离出风口2/3处	监控，配套风机节能优化控制技术，可控制风机频率，实现定静压、可变静压控制	供电电压AC24V，0~10VDC输出，0~500Pa，风管插入式
4	回风温度传感器	回风管，回风口附近风管上，距离回风口0.5~1.0m处	监控，配套回风温度优化控制技术，可控制风机频率，适用于定风量机组	供电电压AC24V，0~10VDC输出，0~50℃，风管插入式
5	回风湿度传感器	回风管，回风口附近风管上，距离回风口0.5~1.0m处	监控，配套回风湿度优化控制技术，可控制空气处理机组加湿段	供电电压AC24V，0~10VDC输出，0~100%，风管插入式
6	新风温湿度传感器	新风管，新风口附近	监控，根据新风温湿度计算新风焓值，控制全新风工况运行	供电电压AC24V，0~10VDC输出，0~50℃/0~100%，风管插入式
7	送风风量传感器	送风管，距出风口附近的直管段上，保持前5倍管径后3倍管径的直管段	监视，计算送风风量（可选）	供电电压AC24V，0~10VDC输出，低速风管0~15m/s，风管插入式
8	回风风量传感器	回风管，距回风口附近的直管段上，保持前5倍管径后3倍管径的直管段	监视，计算回风风量（可选）	供电电压AC24V，0~10VDC输出，0~10m/s，风管插入式

序号	传感器、检测仪表名称	安装位置	功能	技术参数要求
9	CO_2 传感器	回风管	监控，配套回风 CO_2 优化控制技术，可控制新风阀、回风阀	供电电压 AC24V，0~10VDC 输出，0~2000×10^{-6}，风管插入式
10	PM2.5 传感器	回风管	监控，与空气净化器连锁，实现室内 PM2.5 有效控制	供电电压 AC24V，0~10VDC 输出，0~2000×10^{-6}，风管插入式
11	空气处理机组能量表	空气处理机组回水立管，保持前 5 倍管径后 3 倍管径的直管段	进行空气处理机组冷热量计量，可进行机组能效评估与系统计量收费	电磁热量表，带就地显示（可选），MODBUS 或 BACnet 通信，精度等级：二级
12	压差开关	初、中效过滤网前后	监控，联动控制风机	测量范围：0~300Pa 电源：无，输出信号：开关
13	智能电能表	末端智慧柜	采集风机耗电量，计算空调机输送能效比	监测三相四线电能表，液晶显示，带 MODBUS 或 BACnet 通信协议

2. 风、水电动阀门配置

风、水电动阀门配置见表 5-15。

表 5-15 风、水电动阀门配置表

电动阀门名称	供电电压	通信方式	安装位置
电动调节水阀	AC24V	4~20 mA /0~10VDC 位置控制输入 4~20 mA /0~10VDC 位置输出	空气处理机组回水管
电动调节风阀		4~20 mA /0~10VDC 位置控制输入 4~20 mA /0~10VDC 位置输出	新风管、回风管、排风管
电动开关水阀		开、关控制接点 开到位、关到位反馈控制接点	
电动开关风阀		开、关控制接点 开到位、关到位反馈控制接点	

5.2.2 新型变风量系统控制策略

变风量控制策略是实现系统舒适节能的重要环节，但由于以下多种因素，国内大部分实施的变风量系统都无法实现节能的变静压控制。

（1）实际运行时，每个房间的负荷都是动态的，会受到天气、朝向、人为因素、设备等因素的影响，每个房间或区域设计负荷与实际负荷很难保证完全匹配，同一时间各房间负荷变化趋势也会有较大差异。按照传统额变静压控制理论很难实现变静压控制。

（2）由于国内建筑规模一般都较大，每台 AHU 承担的供冷面积相对较大，末端装置数量往往超过 20 台以上，控制目标阀位数量多、变化多样性，对控制系统要求非常高。

（3）直接数字控制（DDC）无法满足如此复杂的控制策略，系统设计、控制策略、控制系统没有协同匹配，完全脱节。

根据多年的实践经验，研究出适合国内需求的变风量系统、能够解决目前存在的问题、实现变风量节能舒适运行的变风量系统——第四代变风量技术"集成模糊自适应控制变风量",从硬件到软件全面升级。

5.2.2.1 夏季制冷工况

1. 开、关机程序

开机分为软启动和正常启动两种模式。

（1）低温送风软启动模式。假定送风温度设计值为9℃。机组开启时，先关闭新风阀，关闭加湿器，打开回风阀，将送风温度设定值设为15℃，开启静电除尘杀菌装置，延时5s后开启送风机。送风机频率根据选择的静压控制模式（定静压、可变定静压或变静压）来进行PID结合模糊控制，电动调节水阀根据送风温度设定值与实测值的比较来进行PID调节。

延时15min后，将送风温度设定值设定为12℃，电动调节水阀根据送风温度设定值与实测值的比较来进行PID调节。

再延时15min后，将送风温度设定值设定为9℃，电动调节水阀根据送风温度设定值与实测值的比较来进行PID调节；同时新风调节阀开始根据回风CO_2浓度设定值与实测值比较来进行PID调节。

（2）正常启动模式。机组开启时，关闭加湿器，打开回风阀，开启静电除尘杀菌装置，延时5s后开启送风机。送风机频率根据选择的静压控制模式（定静压、可变定静压或变静压）来进行PID调节，电动调节水阀根据送风温度设定值与实测值的比较来进行PID调节。

（3）关机程序。机组关闭时，先关闭送风机，再关闭静电除尘杀菌装置、关闭电动调节水阀、关闭新风阀，同时向所有VAV-TMN发出停机命令。

2. 系统报警

风机故障报警、过滤网压差报警、加湿器故障报警和杀菌装置故障报警。

3. 系统监测内容

所有传感器信号，如室外温湿度OT/H、送风温度SAT、送风静压SAP、回风CO_2浓度、回风温湿度RAT/RAH等以及冷冻（热）水流量、供回水温度和供冷（热）量计量；所有阀门、风机、VAV-TMN等设备状态。

4. 变风量控制策略

（1）静压控制模式。静压控制模式分为定静压控制模式、可变定静压控制、变静压控制模式，三者可由操作者自由选择。

1）定静压控制模式。风管静压初设值为P（150Pa±10Pa），送风机频率根据静压设定值与实测值比较来进行PID调节。

2）可变静压控制模式。

a）投入运行后，自控系统根据初始静压设定值P_0（150Pa±10Pa）与实测值的比较，PID变频调节风机频率（同定静压控制）。

b）控制系统随时监测VAV-TMN各风阀的开启状态，并决定是否调整静压设定值。

VAV-TMN 风阀阀位定义见表 5-16。

表 5-16   VAV-TMN 风阀阀位定义表

序号	名称	编号	定义
1	开启 VAV 数量	N_0	系统中正在运行且开启的 VAV 数量
2	100% 阀位 VAV 数量	N_1	系统中反馈阀位达到 100% 的 VAV 数量
3	非正常工作的 100% 阀位 VAV 数量	N_2	阀位达到 100% 且非正常工作的 VAV 数量 非正常情况包括： 室内温度夏季设定值 ≤ 24，冬季设定值 ≥ 22，且 100% 阀位维持超过 1h； 通信故障，显示错误信息； 其他非正常情况
4	正常工作的 100% 阀位 VAV 数量	N_H	100% 阀位的 VAV 数量（N_1）与非正常工作的 100% 阀位 VAV 数量（N_2）的差值
5	低阀位 VAV 数量	N_L	开启的 VAV 中，阀门开度处于低阀位的数量（阀位小于等于 70% 认定为低阀位）

• 静压增加。当正常工作的 100% 阀位 VAV 数量，N_H 满足条件 $N_H \neq 0$ 时，且维持 5min，则静压增加；调整后静压设定值 $P_1 = P_0$（原静压设定值）$+\Delta P_1$，其中 $\Delta P_1 = K \times 50 \times$（$\sum$ 100% 阀位 VAV-TMN 风量 / $\sum$ 开启的 VAV-TMN 风量），K 值默认为 1（可修改）。

• 静压降低。当同时满足如下两个条件时：

一是，正常工作的 100% 阀位 VAV 数量满足条件：$N_H = 0$。

二是，低阀位 VAV 数量 N_L 与开启 VAV 的数量 N_0 及非正常工作的 100% 阀位 VAV 数量 N_2 之间满足条件：$N_L / (N_0 - N_2) \geq 0.85$。

维持 5min，则静压值降低，调整后静压 $P_1 =$ 当前静压值 $-\Delta P_2$，$\Delta P_2 = 5$（默认，可修改）。

• 其余情况，维持当前频率。

第一，为保证系统稳定，静压设定值更改后需有 15min 的稳定时间，即 15min 内静压设定值不变。

第二，系统运行时，自动设定的静压均在静压上限 P_{max}（400Pa 该值可修改）和静压下限 P_{min}（90Pa 该值可修改）之间，自动运行的频率也在频率上限 F_{max}（50Hz，该值可修改）和频率下限 F_{min}（25Hz，该值可修改）之间。

3）变静压控制模式。

a）投入运行后，自控系统根据变静压控制策略进行风机变频调节，以保证大部分风阀都在高开度状态。

b）控制系统随时监测 VAV-TMN 各风阀的开启状态，并决定是否调整风机频率。

• 频率增加：

当正常工作的 100% 阀位 VAV-TMN 数量，N_H 满足条件 $N_H \neq 0$ 时，且维持 5min，则频率增加。

调整后频率设定值 $F_1=F_0$（原频率设定值 25Hz）$+\Delta F_1$，其中 $\Delta F_1 = K \times 10 \times$（$\Sigma 100\%$ 阀位 VAV-TMN 风量 /Σ 开启的 VAV-TMN 风量），K 值默认为 1（可修改）。

- 频率降低：

当同时满足如下两个条件时：

一是，正常工作的 100% 阀位 VAV 数量满足条件：$N_H=0$；

二是，低阀位 VAV-TMN 数量 N_L 与开启 VAV 的数量 N_0 及非正常工作的 100% 阀位 VAV-TMN 数量 N_2 之间满足条件：$N_L / (N_0 - N_2) \geqslant 0.85$。

维持 15min，则静压值降低，调整后频率 $F_1=$ 当前频率值 $-\Delta F_2$，$\Delta F_2=2.5$（默认，可修改）。

- 其余情况，维持当前频率。

第一，为保证系统稳定，频率设定值更改后需有 15min 的稳定时间，即 15min 内频率设定值不变。

第二，系统运行时，自动设定的频率也在频率上限 H_{max}（50Hz，该值可修改）和频率下限 H_{min}（25Hz，该值可修改）之间，自动运行的静压均在静压上限 P_{max}（400Pa 该值可修改）和静压下限 P_{min}（90Pa，该值可修改）之间。

（2）总风量控制模式。

1）投入运行后，自控系统根据末端 VAV-TMN 设定风量（即需求风量设定值）进行风机变频调节，以保证风机风量满足末端需求风量的要求。

2）控制系统随时监测 VAV-TMN 的设定风量，并决定是否调整风机频率。每个末端定义一个相对设定风量的概念

$$R_i = \frac{G_{s,i}}{G_{d,i}}$$

式中为第 i 个末端的设定风量，由房间温控器设定温度与实测温度的偏差计算的需求风量设定值；$G_{d,i}$ 为第 i 个末端的设计风量。

风机转速控制关系式

$$H_s = \frac{\sum_{l=1}^{n} G_{s,i}}{\sum_{l=1}^{n} G_{d,i}} H_d (1+\sigma K)$$

$$\sigma = \sqrt{\frac{\sum_{l=1}^{n}(R_l - R)^2}{n(n-1)}}$$

式中　H_s——运行工况下风机设定转速；

　　　H_d——设计工况下的设计转速；

　　　$G_{s,i}$——运行工况下的第 i 个末端的设计风量；

　　　σ——所有末端相对设定风量比的均方差；

　　　R——各个末端相对设定风量的平均值；

　　　K——自适应的整定参数，默认值为 1.0；

　　　n——末端个数。

为保证系统稳定，频率设定值更改后需有 15min 的稳定时间，即 15min 内频率设定值不变。

系统运行时，自动设定的频率也在频率上限 F_{max}（50Hz，该值可修改）和频率下限 F_{min}（25Hz，该值可修改）之间，自动运行的静压均在静压上限 P_{max}（400Pa 该值可修改）和静压下限 P_{min}（90Pa，该值可修改）之间。

5. 送风温度控制模式

送风温度控制模式分为定送风温度控制模式和变送风温度控制模式，两者可由操作者自由选择。

（1）定送风温度控制模式。送风温度设定值为上位机设定值，不变，根据送风温度设定值与实测值比较 PI 调节电动调节水阀。

（2）变送风温度控制模式。

1）当系统完成软启动模式后，自控系统根据初始送风温度设定值与实测值的比较，PI 调节电动调节水阀（同定送风温度控制）。

2）控制系统每 15min 监测一次 VAV-TMN 各风阀的开启状态，并决定是否调整温度设定值。

• 温度增加：夏季供冷工况，当所有房间的室内温度都低于设定值，且超过 85%VAV-TMN 的风量均处于最小风量时，且维持 30min，则送风温度设定值增加 1℃。温度最多增加 3℃（可修改）。

• 温度降低：夏季供冷工况，当正常工作的 100% 阀位 VAV-TMN 数量，N_H 满足条件 $N_H \neq 0$ 时，且维持 10min，则温度设定值减小 1℃（可修改）。

温度最小减到初始设定值。

6. 夏季过渡季除湿工况

在春夏相交的季节，可投入除湿工况。

风机频率按定静压控制模式运行，静压设定值为 150Pa（可修改）。

电动调节水阀间歇开关，开 15min，关 15min，打开时按定送风温度模式，送风温度设定值为 12℃（可修改）。

7. 夏季夜间全新风通风工况（适合带排风机系统）

在制冷模式下，周一至周五工作日的每天凌晨 4：00，自动投入全新风运行工况，运行时间长度为 1h（可修改）。

先远程启动 VAV-TMN，然后开起新风阀、关闭回风阀、开起送风机，送风机频率根据设定的静压自动调节静压设定值为 150Pa（可修改），同时开起排风机与送风机频率联动。

工况结束时，关闭送风机、关闭新风阀、打开回风阀，远程关闭全部 VAV-TMN。

8. 过渡季全新风运行工况（适合带排风机系统）

当室外新风焓值小于室内焓值时，投入全新风运行工况。

新风阀全开、回风阀关闭，送风机频率根据选定静压控制策略进行变频控制，同时开启排风机与送风机频率联动。

工况结束时，关闭送风机、关闭新风阀、打开回风阀、远程关闭全部 VAV–TMN。

9. CO_2 浓度控制

根据回风 CO_2 浓度控制新风阀开度。

新风调节阀根据回风 CO_2 浓度设定值与实测值比较来进行 PID 调节。

CO_2 浓度设定值初始设置为 1000×10^{-6}（ppm），设定值可修改。

新风阀与风机连锁，风机停止后新风阀关闭。

10. 室内正压控制（适合核心筒竖井新风排风系统）

根据新风 VAV–TMN 和排风 VAV–TMN 的连锁控制，保证室内一定正压值 5~10Pa（可修改）。

新风机与排风机均采用变频控制，采用可变静压控制策略。

5.2.2.2　冬季制热工况

1. 开机程序

机组开启时，向需要开启的 VAV–TMN 发送启动命令，延时 30s 后，启动送风机、静电除尘杀菌装置、加湿器、电动水阀。

2. 关机程序

机组关闭时，先关闭送风机，再关闭静电除尘杀菌装置、关闭新风阀，关闭加湿器，同时向所有 VAV–TMN 发出停机命令。

3. 静压控制和温度控制

制热工况采用可变静压控制模式和变送风温度控制模式。

风管静压初设值为 P（150Pa±10Pa），送风机频率根据静压设定值与实测值比较来进行 PID 调节。

温度控制：根据送风温度设定值与实测值比较 PI 调节电动调节水阀。

4. 防冻保护模式

制热模式下，停机后，电动调节水阀开度设置为 30%。

根据空气处理机组表冷器防冻开关报警信号控制电动水阀开关，最大开度设置为 30%。

同时夜间空调停用时间段，每隔 1h，启动冷冻泵变频运行 3min。

5. 加湿器控制

冬季工况下，变风量机组根据回风湿度来调节水阀。

当回风湿度实测值大于回风湿度设定值 +5% 时，加湿器关闭。

当回风湿度实测值不大于回风湿度设定值 –5% 时，加湿器打开。

夏季工况下，加湿器关闭。

风机停止运行时，加湿器关闭。

6. 定时开关机控制

接受上位机指令，按时间表设定开启时间和关闭时间进行 VAV–TMN 及空气处理机组开关。

7. 温度上下限设置功能

夏季最低 24℃（可调）；冬季最高 20℃（可调）。

5.3　新型射流低温风口设计选型

RUNPAQ SL 型射流低温送风口性能卓越，可以保证良好的室内气流组织，能够满足低温空调系统设计、安装、运转和维护的苛刻要求，分为 SLT 长条形和 SLF 方形两个系列，可根据用户实际需求用于不同的场合（见图 5-8）。

图 5-8　新型射流型低温风口

5.3.1　送风口工作原理

SL 型射流低温送风口通过若干圆形喷口实现送风，经处理后的一次低温风以较高的动压流经喷口形成高速射流，在喷口周围形成负压并对周围环境空气形成强烈的诱导和卷吸作用，从而在离开风口很短的距离内，送风气流成为一次低温风与一部分室内空气的混合体导致温度急剧上升达到甚至高于常规送风的气流温度，同时风量也急剧增加，因此风口不易结露。

SL 型射流低温送风口原理如图 5-9 所示。

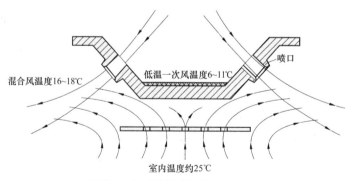

图 5-9　SL 型射流低温送风口原理图

5.3.2　送风口特点

送风芯体采用复合绝热材料经模具成型，优化设计的喷口结构保证高诱导比和卓越的气流组织。

送风外壳采用专用铝合金型材整体拼装而成，粉末喷塑，简洁美观，装饰性好。

结构简单，无运动部件，运行安静节能，空调舒适性提高。

防凝露设计：送风温度7℃，在干球温度26℃、相对湿度60%环境下，未见风口表面凝露现象。

SL型射流低温送风口气流组织模拟如图5-10所示。

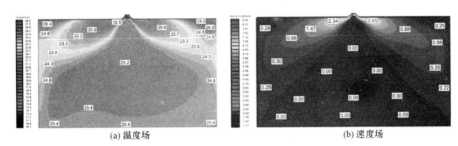

(a) 温度场　　　　　　　　　　　　　　(b) 速度场

图5-10　SL型射流低温送风口气流组织模拟图

5.3.3　SL射流低温送风口选型

1. 型号说明

① ② ③ ④

SL - T - D - 60

①——射流低温送风口。

②——低温送风口类型。T表示是长条形低温送风口；F表示是方形低温送风口。

③——送风类型。C表示送风方式为侧送型；D表示送风方式为顶送型；X表示送风方式为下送型。

④——名义长度，实际长度为名义长度×10，单位为mm。

2. 选型参数

（1）SLTD型射流低温送风口。其结构如图5-11所示，外形尺寸见表5-17，性能参数见表5-18。

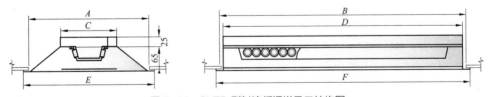

图5-11　SLTD型射流低温送风口结构图

表5-17　　　　　　　　　　SLTD型射流低温送风口外形尺寸表

型号	接管尺寸（mm）		外形尺寸（mm）		天花开孔尺寸（mm）		质量（kg）
	C	D	E	F	A	B	
SLTD-50	160	470	350	498	340	485	2.3
SLTD-60	160	570	350	598	340	585	2.7
SLTD-70	160	685	350	715	340	700	3.1

型号	接管尺寸（mm）		外形尺寸（mm）		天花开孔尺寸（mm）		质量（kg）
	C	D	E	F	A	B	
SLTD-100	160	970	350	998	340	985	4.3
SLTD-120	160	1170	350	1198	340	1185	5.1
SLTD-140	160	1365	350	1395	340	1380	5.8

表 5-18　　　　　　　　　　　SLTD 射流低温送风口性能参数表

型号	参数						
SLTD-50	风量（m³/h）		100	200	280	300	400
	射程（m）	$V_t=0.25$m/s	1.7	4.2	5.1	5.4	6.4
		$V_t=0.50$m/s	1.1	3.1	4.0	4.4	5.6
	静压损失（Pa）		5	18	34	38	63
	噪声（dB）		<25	30	39	40	42
SLTD-60	风量（m³/h）		100	200	300	350	400
	射程（m）	$V_t=0.25$m/s	1.7	5.1	5.1	5.8	6.2
		$V_t=0.50$m/s	1.1	3.0	4.2	4.8	5.4
	静压损失（Pa）		3	13	28	39	49
	噪声（dB）		<25	30	35	39	40
SLTD-70	风量（m³/h）		100	200	300	350	400
	射程（m）	$V_t=0.25$m/s	1.9	4.3	5.4	5.9	6.4
		$V_t=0.50$m/s	1.2	3.2	4.4	4.9	5.6
	静压损失（Pa）		4	15	34	45	60
	噪声（dB）		<25	30	39	40	41
SLTD-100	风量（m³/h）		200	400	560	600	800
	射程（m）	$V_t=0.25$m/s	1.7	4.2	5.1	5.4	6.4
		$V_t=0.50$m/s	1.1	3.1	4.0	4.4	5.6
	静压损失（Pa）		5	18	34	38	63
	噪声（dB）		<25	30	39	40	42
SLTD-120	风量（m³/h）		200	400	600	700	800
	射程（m）	$V_t=0.25$m/s	1.7	5.1	5.1	5.8	6.2
		$V_t=0.50$m/s	1.1	3.0	4.2	4.8	5.4
	静压损失（Pa）		3	13	28	39	49
	噪声（dB）		<25	30	35	39	40
SLTD-140	风量（m³/h）		200	400	600	700	800
	射程（m）	$V_t=0.25$m/s	1.9	4.3	5.4	5.9	6.4
		$V_t=0.50$m/s	1.2	3.2	4.4	4.9	5.6
	静压损失（Pa）		4	15	34	45	60
	噪声（dB）		<25	30	39	40	41

注　阴影区域表示推荐范围。

（2）SLFD 射流低温送风口。其结构如图 5-12 所示，外形尺寸见表 5-19，性能参数见表 5-20。

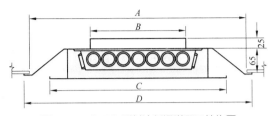

图 5-12 SLFD 型射流低温送风口结构图

表 5-19 SLFD 射流低温送风口外形尺寸表

型号	A（mm）	B（mm）	C（mm）	D（mm）	质量（kg）
SLFD-60	585	196	460	595	5.1

表 5-20 SLFD 射流低温送风口性能参数表

型号		参　　数				
SLFD-60	风量（m³/h）	100	200	300	400	500
	射程（m）　V_1=0.25m/s	0.6	1.7	2.9	4.7	5.2
	V_1=0.50m/s	0.4	1.1	2.3	5.1	4.7
	静压损失（Pa）	3	12	28	50	77
	噪声（dB）	<25	30	35	39	42

注 阴影区域表示推荐范围。

（3）SLTX（SLTC）射流低温送风口如图 5-13 所示，其结构如图 5-14 所示，外形尺寸见表 5-21，性能参数见表 5-22。

图 5-13 SLTX（SLTC）射流低温送风口

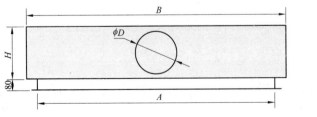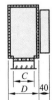

图 5-14 SLTX（SLTC）射流低温送风口结构图

此款产品适合于下送风和侧送风两种送风方式，主要应用于高大空间的沿窗送风（即安装在房间靠近窗户的周边）。

表 5-21 　　　　　　　　SLTX 射流低温送风口外形尺寸表

型号	外形尺寸（mm）						质量（kg）
	ϕD	H	A	B	C	D	
SLTX-80	180	220	800	910			11
SLTX-100	200	250	1000	1100	100	150	13
SLTX-120	200	250	1200	1310			15
SLTX-150	250	300	1500	1610			18

注　表格中各型号尺寸均按照出风口宽度 C=100mm 所列，可以根据项目实际情况定做侧送和下送风口，风口长度和宽度可以提出要求定做，长度一般为 1500、1200、1000、800、600mm，宽度一般为 150、120、100、80mm。

表 5-22 　　　　　　　　SLTX 射流低温送风口性能参数表

型号	参　　数						
SLTX-80	风量（m³/h）		80	120	200	280	360
	射程（m）	V_t=0.25m/s	1.6	2.9	3.7	4.5	5.1
		V_t=0.50m/s	0.9	2.1	2.8	3.7	4.5
	静压损失（Pa）		4	8	14	25	43
	噪声（dB）		<25	31	34	36	41
SLTX-100	风量（m³/h）		120	200	280	360	480
	射程（m）	V_t=0.25m/s	1.9	3.8	4.6	5.1	5.9
		V_t=0.50m/s	1.2	3.1	3.9	4.6	5.2
	静压损失（Pa）		5	11	25	37	52
	噪声（dB）		32	34	39	40	42
SLTX-120	风量（m³/h）		160	280	460	580	700
	射程（m）	V_t=0.25m/s	2.2	3.5	5.1	5.2	6.2
		V_t=0.50m/s	1.4	2.3	3.3	4.4	5.5
	静压损失（Pa）		8	17	32	44	56
	噪声（dB）		32	39	42	44	49
SLTX-150	风量（m³/h）		200	400	600	700	800
	射程（m）	V_t=0.25m/s	2.4	4.5	5.6	6.3	6.8
		V_t=0.50m/s	1.8	3.6	4.3	5.1	5.7
	静压损失（Pa）		8	17	38	52	63
	噪声（dB）		35	39	45	49	53

注　表格中各型号性能参数均按照出风口宽度 C=100mm、下送风状态所列，当实际所需风口长度、宽度和安装方式变化时，其性能参数请咨询厂家。

5.3.4 选型指导

1. SLT 射流低温送风口选型建议

射程 $T_{0.25}$（V_t=0.25m/s）与房间特征长度 L 的比值在 0.5 和 3.3 之间，即 $T_{0.25}/L$=0.5~3.0。

射程 $T_{0.25}$（V_t=0.25m/s）与风口边缘离墙距离 P_1 的比值大于等于 2.5，即 $T_{0.25}/P_1 \geq 2.5$；或射程 $T_{0.25}$（V_t=0.25m/s）与风口边缘间距离 P_2 的比值大于等于 1.25，即 $T_{0.25}/P_2 \geq 1.25$。

SLT 射流低温送风口布置示意如图 5-15 所示。

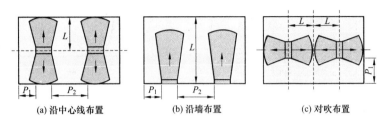

(a) 沿中心线布置　　　　(b) 沿墙布置　　　　(c) 对吹布置

图 5-15　SLT 射流低温送风口布置示意图

2. SLF 射流低温送风口选型建议

射程 $T_{0.25}$（V_t=0.25m/s）与房间特征长度 L 的比值在 0.7 和 1.5 之间，即 $T_{0.25}/L$=0.7~1.5。

SLF 射流低温送风口布置示意如图 5-16 所示。

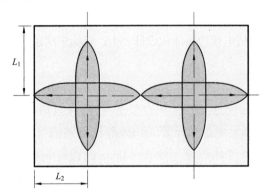

图 5-16　SLF 射流低温送风口布置示意图（方形风口布置）

3. 选型示例

设计条件：房间尺寸为 6m×6m×2.6m，送风温度为 8℃，室内温度为 25℃，送风量为 600m³/h。

SL 射流低温送风口布置示意如图 5-17 所示。

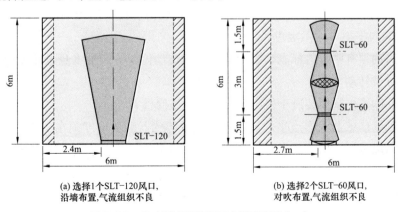

(a) 选择1个SLT-120风口，
沿墙布置，气流组织不良

(b) 选择2个SLT-60风口，
对吹布置，气流组织不良

图 5-17　SL 射流低温送风口布置示意图（一）

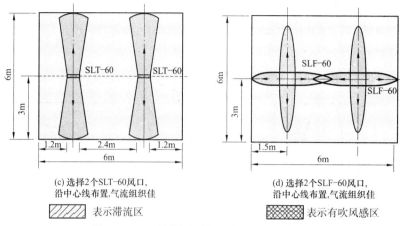

(c) 选择2个SLT-60风口,
沿中心线布置,气流组织佳

(d) 选择2个SLF-60风口,
沿中心线布置,气流组织佳

░░░ 表示滞流区　　　▨▨▨ 表示有吹风感区

图 5-17　SL 射流低温送风口布置示意图（二）

🏠 5.4　设 计 参 考 资 料

5.4.1　变风量末端装置

变风量末端装置采用机电仪控一体化设计、生产及标定测试,由箱体和控制两部分组成。

1. 箱体部分

箱体部分包括壳体、一次进风口（圆筒形）、风量传感器、末端风机（风机动力型）、风阀、吊耳、电控箱、回风过滤网（动力型）、内敷保温消声棉以及可选配部件（如热水盘管、热水盘管电动阀、电加热盘管、出风静压分风箱、消声器）等。

（1）变风量风箱的外壳由厚度不小于 1.0mm 的镀锌钢板制成,产品箱体内衬不低于 30mm 厚、导热系数不大于 0.035W/（m·℃）、密度 48kg/m³ 的玻璃棉,外包裹防刺穿的高密度玻璃纤维材料,确保箱体内风速达到 15m/s 无纤维脱落。

1）箱体采用防冷桥设计,密封性能好,适用于 7℃ 低温送风的苛刻应用条件。

2）产品采用镀锌钢板,镀锌层不低于 120g/m² 标准。

3）箱体在 1000Pa 的系统压力下,其漏风量不大于额定送风量的 1%。

（2）风阀需采用镀锌钢板制成,风阀与阀轴之间须结合紧密,不易滑脱。阀片外表面包有密封材料,以保证阀体的密封性。风阀调节均采用免润滑轴承,风阀在压差 1000Pa 时漏风率不大于额定进风量的 0.5%。

（3）阀轴须有明显的标志,以指示阀体的转动位置,阀轴本身也需配设机械装置以限制阀的过位转动。

（4）一体式控制器装设于机组外侧,以便维修检查。

（5）风量传感器为多点平均流速型,风量传感器测量精度须在 ±5% 范围内,最低风量为最高风量的 30%。

2. 控制部分

控制部分包括一体化 VAV 控制器（含风阀执行器）、风机调速器（动力型）、变压器、室内温控器、热水盘管阀门控制器或电加热控制器等。

（1）一体化 VAV 控制器。

1）压差传感器、风阀执行器和控制器一体化设计，具有模块标准化、参数配置简单、自由编程等特点。

2）采用 32 位 ARM 处理器，具有强大的数据处理、存储和运算能力。

3）适应单风道、串并联型 VAV-TMN 控制，以及再热盘管和电加热器等配件的控制要求。

4）采用数字式微压差传感器，工作原理基于所采用的 CMOSens 技术，基于热式原理，避免金属弹片式压差传感器的变形带来的测量误差和测量死角，满足微小压差的精确测量及长期使用的稳定性，测量精度为 ±3%。

5）采用模糊与 PID 相结合的控制方法，风量调控的快速精确性，风量控制精度不大于 5%。

6）带位置显示、可调机械限位、手动优先控制按钮，快速容易地设定最大和最小风量。

7）远程监控风量、温度、阀位，远程开关机。

8）具备 VAV 风机的热保护功能，可通过就地温控器实现风机转速调节。

9）具有能量计量功能，可按照空调实际用量进行收费管理。

10）掉电保护功能，数据掉电后可一起保存 10 年以上。

11）支持 TCP/IP、BACnet、MODBUS 等多种国际标准通信协议，开放性和兼容性好。可选配无线通信模块，支持无线通信，具备无线自组网功能。

12）多方式通信接口、BACnet 及无线通信功能的开发满足不同需求。

13）具有自诊断功能：错误信息显示在温控器的面板上。

14）具备两路 0~10V 或 4~20MA 模拟量接口，功能扩展方便。

15）采用软硬件等多种抗干扰组合技术保证产品性能。

（2）室内温控器。

1）大屏幕液晶屏，蓝色背光。

2）显示及控制室内温度和湿度（可选）。

3）显示和调整设定温度，室温测量精度 ±0.1℃，显示精度 ±0.5℃。

4）制冷制热模式选择。

5）远程开关机及温度设定。

6）故障自诊断功能。

7）数据查询功能。

8）标准插接件、安装方便。

9）进行动力型 VAV-TMN 风机的高 / 中 / 低风机转速设定。

10）可选 WiFi 移动互联网技术应用，可通过手机等移动终端实现控制。

5.4.2　变风量智慧控制柜及系统

1. 变风量智慧控制柜

变风量空气处理机组启停与控制采用强弱电一体化设计，变风量空调智慧控制柜内

置变频器、智慧控制器、智能电能表（选配）、空气断路器、接触器等主要设备，实现对变风量空气处理机组的供电及全面控制。该控制柜具有以下控制功能：

（1）实现风机的启停和变频控制。

（2）实现对电动水阀、电动风阀等执行器以及温度、湿度、静压、CO_2、PM2.5、VOC 等传感器的监视与控制。

（3）配置彩色触摸屏，与变风量智慧控制器连接，实现就地的参数设定与监视。

（4）控制器内置变风量控制程序，可实现定静压、变静压、可变静压、总风量等不同控制策略，调试和操作人员可根据项目特点进行程序自由配置。

（5）采用模糊控制和 PID 结合的控制方法，控制精度高，适应性、稳定性好。

（6）内置电能表，自动记录风机耗电量参数；同时采集空气处理机组热量表参数，可提供空气处理机组能效评价，并将相关数据传输至上位机。

（7）控制柜具有自动加班申请功能，即通过触摸屏进行加班申请设置，信息可传至上位机并与冷热源机房进行通信。

（8）空调机控制带手自动转换开关，带运行指示和停止指示。

（9）变频器需采用主流品牌产品，带操作面板，实现手自动切换。

（10）通信协议采用 PROFIBUS、MODBUS、BACnet、LONWORKS 等国际通用协议。

变风量系统上位机软件界面如图 5-18 所示。

2. 变风量自控网络

（1）通信采用总线式。其中，网络控制器与变风量控制柜间采用 PROFITBUS/MODBUS/BACnet/LONWORKS 等通用的通信协议，通信速率不小于 187.5kbit/s。变风量控制柜与 VAV 控制器间采用 MODBUS/BACNET/LONWORKS 通用的通信协议，通信速率不小于 9.6kbit/s；网络控制器与上位机之间采用以太网通信。

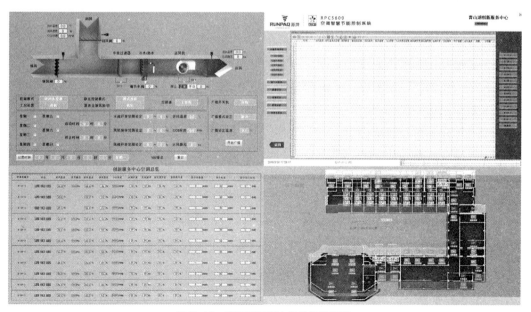

图 5-18　变风量系统上位机软件界面

（2）VAV 监控工作站软件平台组成：SMART-VAV 控制软件 + 通用软件。开放性软件平台可实现远程数据监控和云端专家诊断，为客户提供持续优化运行咨询服务。

（3）VAV 自控系统预留与 BA 系统的通信接口，方便 BA 系统集成，通信接口形式为 OPC。

5.4.3　新型变风量系统控制原理及网络图

（1）新型变风量系统控制原理图如图 5-19 所示。

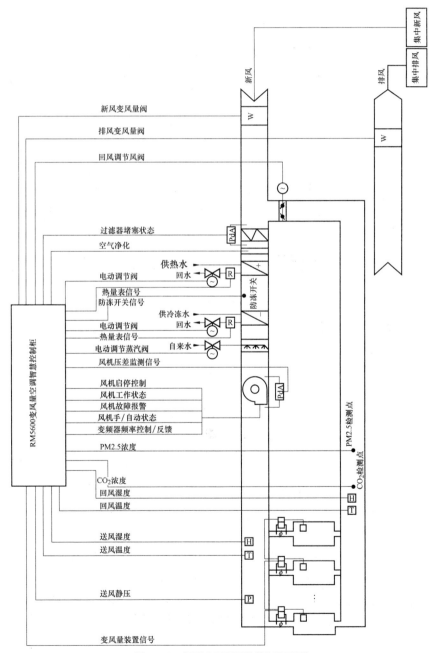

图 5-19　新型变风量系统控制原理图

（2）新型变风量系统控制网络图如图 5-20 所示。

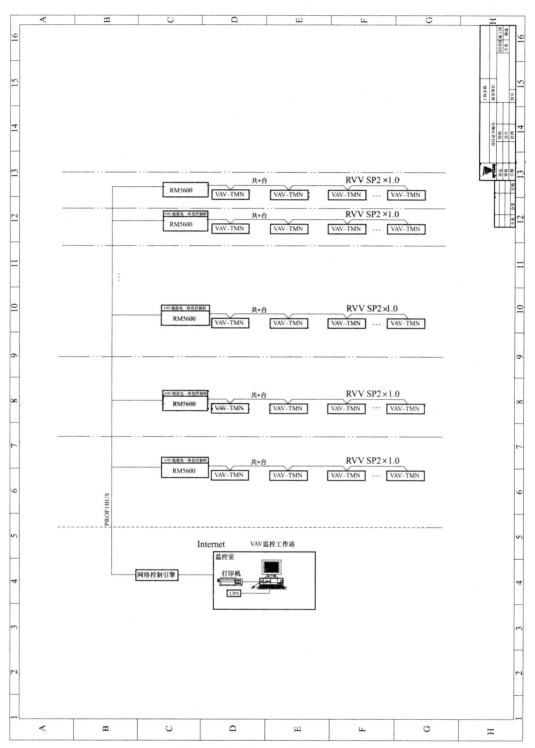

图 5-20　新型变风量系统控制网络图

86

5.5　新型变风量系统设计案例

以下假定同一商务写字楼在不同地域（分别位于北京、上海、广州）进行标准层变风量空调风系统和控制系统设计，并给出三种标准层设计范例。

5.5.1　项目概况

该写字楼为高层建筑，标准层建筑面积为 1971.6m^2，设计层高为 4.2m，吊顶以下为 2.7m，中央空调冷源采用离心式水冷机组，热源采用燃气锅炉。水系统高低分区，夏季低区冷冻水设计供回水温度为 5/12℃，高区通过板式换热器供冷，冷冻水供回水温度为 6/13℃。末端空调采用变风量大温差低温送风系统，空调送风温度设计值为 12℃，室内设计状态点为内区 25℃、50%，外区 26℃、50%，室内噪声要求不大于 45dB。

5.5.2　空调系统设计

空调风系统按内外分区设置，距离外墙 4m 以内为外区，并且将外区分为东西南北、四角，共八个区域分别进行逐时负荷计算，内区作为一个区域进行负荷计算，空调时间 8：00~18：00。不同地区空调冷负荷计算结果见表 5-23~ 表 5-25，逐时单位面积冷负荷变化曲线如图 5-22~ 图 5-24 所示。标准层总面积 1971.6m^2，外区空调面积 612.5m^2，内区空调面积 1008m^2。空调面积冷指标：北京 105.7W/m^2、上海 117.7W/m^2、广州 115.1W/m^2；总建筑冷指标：北京 86.9W/m^2、上海 96.8W/m^2、广州 94.8W/m^2。

根据不同地域的空调负荷特点，进行变风量空调系统设计，具体空调末端设备配置情况见表 5-26。根据总尖峰负荷进行空调处理机组选型设计，选型结果见表 5-27。根据各区域负荷情况，进行末端设备配置设计，选型结果见表 5-28、表 5-29。

1. 内外分区负荷计算结果

内外分区示意如图 5-21 所示。

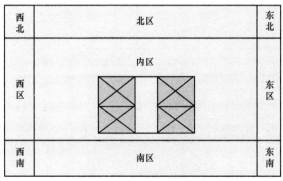

图 5-21　内外分区示意图

表 5-23　　　　　　　　　　　　　北京地区负荷计算结果　　　　　　　　　　　　（W/m^2）

空调区域	外区								内区
	东区	南区	西区	北区	东北角	东南角	西北角	西南角	
冷指标	146	140.5	162.8	122.3	170.8	185.6	194.4	205.5	85

表 5-24 上海地区负荷计算结果 （W/m²）

空调区域	外区								内区
	东区	南区	西区	北区	东北角	东南角	西北角	西南角	
冷指标	162.1	148.3	176.1	141	194.2	200.2	214.3	217	95

表 5-25 广州地区负荷计算结果 （W/m²）

空调区域	外区								内区
	东区	南区	西区	北区	东北角	东南角	西北角	西南角	
冷指标	158.2	137.1	171.9	140.4	189.9	188.1	211.1	206.4	93.8

表 5-26 空调末端设备配置情况

地区	内区			外区		
	末端装置形式	送风形式	回风形式	末端装置形式	送风形式	回风形式
北京	单风道	低温风口顶送	吊顶回风	单风道 + 风机盘管	沿窗条缝下送	吊顶回风
上海	单风道	低温风口顶送	吊顶回风	并联（带热水盘管）	沿窗条缝下送	吊顶回风
广州	单风道	低温风口顶送	走廊回风	单风道	沿窗条缝下送	走廊回风

表 5-27 空调处理机组配置情况

地区	标准层建筑面积（m²）	标准层系统总风量（m³/h）	空气处理机组参数	空气处理机组数量（台）
北京	1971.6	13600	冷量 99kW，风量 6800 m³/h，余压 400Pa，功率 3kW	2
上海	1971.6	14800	冷量 110kW，风量 7400 m³/h，余压 400Pa，功率 3kW	2
广州	1971.6	14600	冷量 107kW，风量 7300 m³/h，余压 400Pa，功率 3kW	2

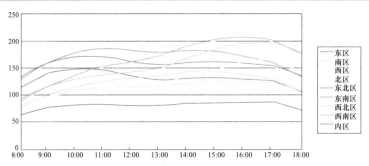

图 5-22 北京地区不同朝向分区的逐时面积冷负荷变化曲线图（W/m²）

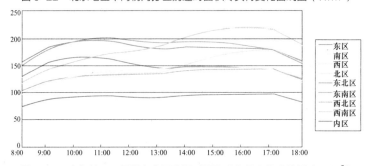

图 5-23 上海地区不同朝向分区的逐时面积冷负荷变化曲线图（W/m²）

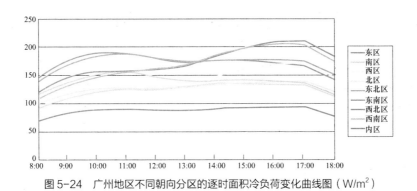

图 5-24　广州地区不同朝向分区的逐时面积冷负荷变化曲线图（W/m²）

表 5-28　　　　　　　　　　　　　空调末端设备配置数量表

地区	内区		外区						
	单风道 VAV-TMN	数量（台）	单风道 VAV-TMN	数量（台）	并联型 VAV-TMN	数量（台）	风机盘管	数量（台）	
北京	RPVD16	14					FP-6.3WA FP-6LA	42	
	RPVD12	2							
上海	RPVD16	14			RPVB0112-W2	22			
	RPVD10	4			RPVB0116-W2	2			
广州	RPVD16	14	RPVD12	22					
	RPVD10	4	RPVD10	6					

表 5-29　　　　　　　变风量空调智慧控制柜（RM5600）选型配置情况

地区	控制柜选型	控制柜参数	数量（台）
北京	RM5600-R3C0	容量 3kW，额定电流 7.2A，电缆规格 YJV-5X2.5，控制策略：变静压控制	2
上海	RM5600-R3C0	容量 3kW，额定电流 7.2A，电缆规格 YJV-5X2.5，控制策略：变静压控制	2
广州	RM5600-R3C0	容量 3kW，额定电流 7.2A，电缆规格 YJV-5X2.5，控制策略：变静压控制	2

2. 三种典型区域标准层空调风系统平面图

（1）北京地区：内区单风道，风机盘管。

（2）上海地区：内区单风道，外区并联。

（3）广州地区：内区单风道，外区单风道。

3. 变风量空调系统的节能分析

（1）变风量空调系统的年运行耗电量计算。北京、上海、广州三个地区办公楼的夏季制冷运行时间分别假定为 3 个月、4 个月和 5 个月，商务写字楼空调一周工作 5 天，则夏季制冷空调实际运行天数大约分别按 60 天、80 天、120 天计算，每天运行时间为 10h；冬季制热空调实际运行天数大约分别按 85 天、60 天、0 天。考虑部分负荷的影响，采用变风量空调系统时，其风系统的年运行耗电量计算结果见表 5-30~ 表 5-32。

表 5-30 北京地区变风量空调系统年运行耗电量

负荷比例（%）	100	75	50	25
空气处理机组日耗电量（kWh）	60	45	30	24
空调末端日耗电量（kWh）	3.9	3.9	3.9	3.9
日总运行耗电量（kWh）	63.9	48.9	33.9	27.9
实际运行天数（天）	3	60	67	15
小计（kWh）	191.7	2934	2271.3	418.5
年总计（kWh）	5815.5			

注 1. 空气处理机组变频器的最低频率按 20Hz 考虑，25% 负荷工况下，变频器按最低频率运行。
　　2. 空调末端设备配置情况参见表 5-28，并联式风机动力型 VAV-TMN 的风机功率参见表 5-4，FP-6.3WA 的风机功率为 39W。
　　3. 上海、广州地区变风量空调系统的设置参数与上述两点相同。

表 5-31 上海地区变风量空调系统年运行耗电量

负荷比例（%）	100	75	50	25
空气处理机组日耗电量（kWh）	60.0	45.0	30.0	24.0
空调末端日耗电量（kWh）	18.5	18.5	18.5	18.5
日总运行耗电量（kWh）	78.5	63.5	48.5	42.5
实际运行天数（天）	3	60	67	15
小计（kWh）	235.4	3681.8	3151.2	594.7
年总计（kWh）	7663.2			

表 5-32 广州地区变风量空调系统年运行耗电量

负荷比例（%）	100	75	50	25
日运行耗电量（kWh）	60.0	45.0	30.0	24.0
实际运行天数（天）	3	50	55	12
小计（kWh）	180.0	2250.0	1650.0	288.0
年总计（kWh）	4368.0			

（2）定风量空调系统的年运行耗电量计算。如采用定风量空调系统设计时，空气处理机组的风量需按照各分区最大风量的和进行配置，其具体的配置情况见表 5-33。

表 5-33 空气处理机组配置情况

地区	标准层建筑面积（m²）	标准层系统总风量（m²）	空调机组参数	空调机组数量（台）
北京	1971.6	15200	冷量 110kW，风量 7600m³/h，余压 400Pa，功率 3kW	2
上海	1971.6	16500	冷量 122kW，风量 8250m³/h，余压 400Pa，功率 4kW	2
广州	1971.6	16200	冷量 119kW，风量 8100m³/h，余压 400Pa，功率 4kW	2

采用定风量空调系统时，其风系统的年运行耗电量见表 5-34。

表 5-34　　　　　　　　　　　　　定风量空调系统年运行耗电量

地区	单天运行耗电量（kWh）	年运行天数（天）	年运行耗电量（kWh）
北京	60.0	145	8700.0
上海	80.0	140	11200.0
广州	80.0	120	9600.0

（3）变风量空调系统的节能率。相对于定风量空调系统，采用变风量空调系统时的节能率见表 5-35。

表 5-35　　　　　　　　　　　　　变风量空调系统的节能率

地区	变风量空调系统年运行耗电量 （kWh）	定风量空调系统年运行耗电量 （kWh）	节能率（%）
北京	5815.5	8700.0	33.2
上海	7663.2	11200.0	31.6
广州	4368.0	9600.0	54.5

北京、上海、广州地区办公楼变风量系统风管平面图如图 5-25~ 图 5-27 所示。

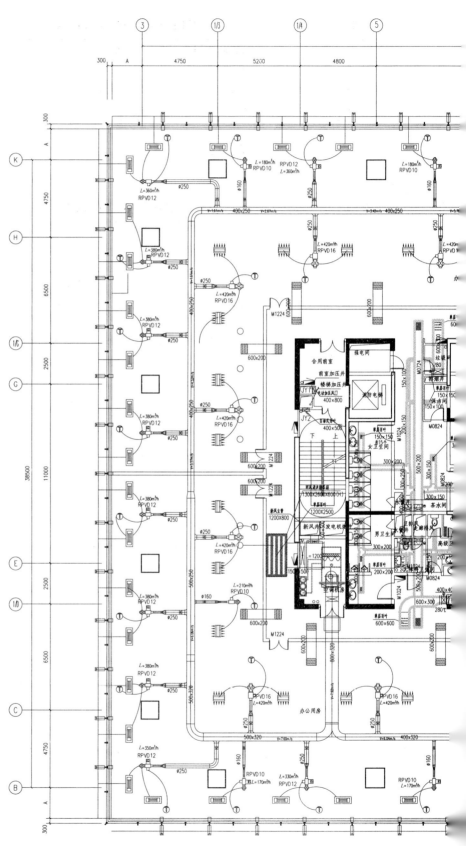

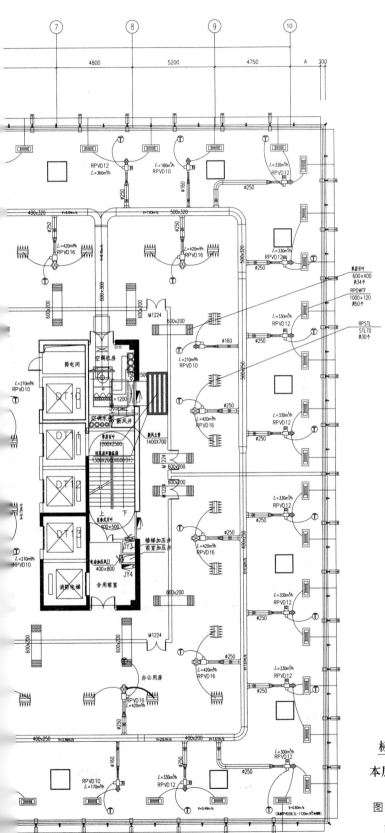

标准层平面图 1:100

本层层面积：1971.6m²

图5-25 北京地区某办公楼变风量系统风管平

面图（外区并联VAV BOX，内区单风道）

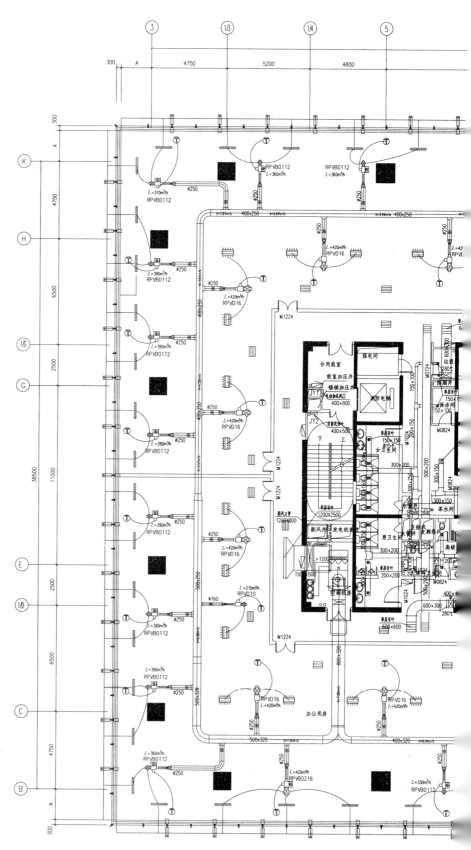

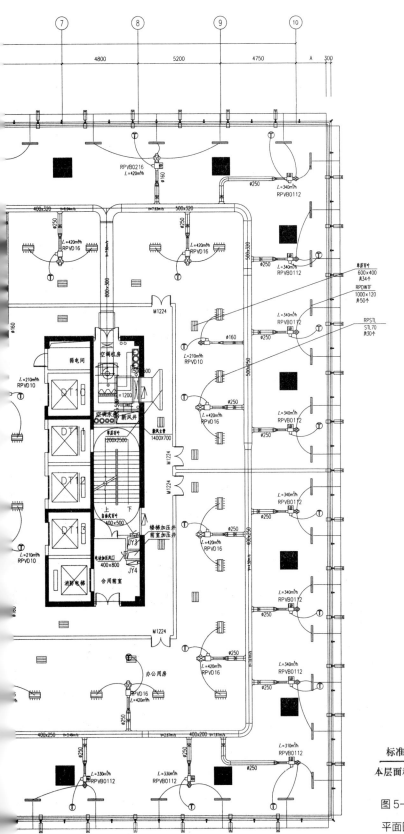

标准层平面图

1:100

本层面积：1971.6m²

图 5-26 上海地区某办公楼变风量系统风管

平面图（外区并联 VAV BOX，内区单风道）

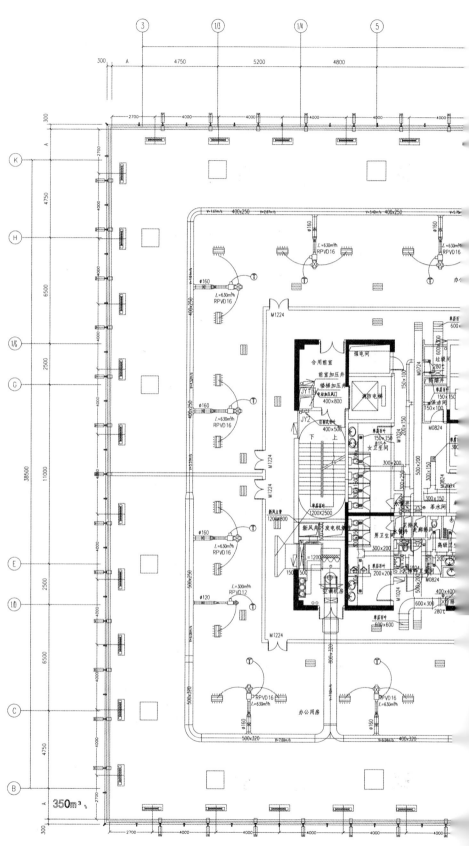

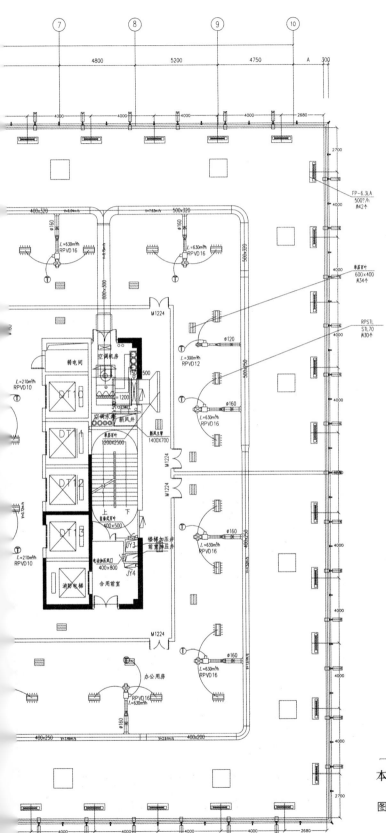

标准层平面图

1:

本层面积：1971.6m²

图5-27 广州地区某办公楼变风量系统风管
平面图（内、外区单风道）

第6章

变风量空调系统安装与调试

6.1 变风量空调系统安装

VAV变风量空调系统施工的主要内容包括：空气处理设备、风系统、自控系统的安装和调试。

（1）空气处理设备：空调机组、VAV-TMN等。

（2）空调风系统：由风管、支吊架、风管部件等组成。

（3）控制和仪表：由空调机组、VAV-TMN控制器以及温度、湿度、风量、风管压力等传感器组成。

其施工程序：施工准备→风管、部件、法兰的预制和组装→风管、部件、法兰的预制和组装的中间质量验收→支吊架制作安装→风管系统安装→空气处理设备安装→空调水系统管道安装→检测与试验→空气处理设备试运转、单机、调试→风管、部件及空气处理设备绝热施工→VAV空调系统调试→VAV空调系统工程竣工验收→VAV空调系统工程综合效能测定等。这些施工工序与常规空调安装多数雷同，本章主要就变风量空调安装的一些特殊要求进行必要的介绍。

6.1.1 空气处理机组安装

（1）空气处理机组安装应按图6-1所示工序进行。

图6-1 空气处理机组安装工序示意图

（2）空气处理机组安装前，应检查各功能段的设置是否符合设计要求，外表及内部清洁干净，内部结构无损坏。手盘叶轮叶片应转动灵活、叶轮与机壳无摩擦，检查门关闭严密。

（3）基础表面应无蜂窝、裂纹、麻面、露筋；基础位置及尺寸应符合设计要求；当设计无要求时，基础高度不应小于 150mm，且能满足凝结水排放坡度要求，并应满足产品技术文件的相关要求；基础旁应留有不小于机组宽度的空间，以便检修需要。

（4）吊装安装时，其吊架及减振装置应符合设计及产品技术文件的要求。

（5）空气处理机组与空气热回收装置过滤网应在单机试运转完成后安装。

（6）组合式空调机组的配管应符合下列规定。

1）管道与机组连接宜采用橡胶柔性接头，管道应设置独立的支、吊架。

2）机组接管最低点应设排水阀，最高点应设放气阀。

3）阀门、仪表应安装齐全，规格、位置应正确，风阀开启方向应顺气流方向。

4）凝结水的水封应按产品技术文件的要求进行设置。

5）在冬季使用时，应有防止盘管、管路冻结的措施。

6）机组与风管采用柔性短管连接时，柔性短管的绝热性能应符合风管系统的要求。

6.1.2 变风量末端装置 VAV-TMN 安装

1. 工艺流程

预检→执行器 / 电动机检查试转→再加热盘管水压检验→定位→支架制作→安装→连接配管→安装后检查。

2. 风管接口

VAV-TMN 主风管圆边倒角半径应不小于风管高度的一半，风管连接采用内承插或角铁法兰方式。

3. 软管链接

噪声衰减器与风口连接采用带玻璃棉（25mm）厚保温的铝制软风管。各种规格的软管厚度均为 0.15mm，轴向受力大于 200N。软风管与风管之间的连接方式及软风管与风口的连接方式如图 6-2 所示。

图 6-2 软风管与风管、风口连接方式

（1）如果软管在安装时，如遇有高低或拐弯处的角度太小时，则需要简单的打吊支撑等保护措施，以保证输送风流的畅通。

（2）噪声衰减器出口连接的软管管道弯曲半径不能太小，以免阻力太大，影响出口风量（见图 6-3）。

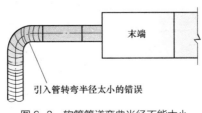

图 6-3 软管管道弯曲半径不能太小

（3）软管弯曲不宜过多，接出管不宜太长，如图6-4所示。

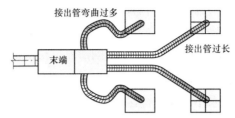

图6-4　容易引起送风管阻力不平衡的错误接管方式

（4）引入管的弯曲不能过多，以免送风阻力太大，风量达不到设计要求如图6-5所示。

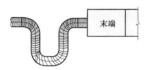

图6-5　引入管弯曲过多的错误方式

4.VAV-TMN装置

VAV-TMN箱内各种控制元件都集中在控制盒里面，为以后维修及更换元件方便，安装时必须要注意其安装位置及空间。安装必须留有足够的空间和检修位置，如图6-6所示。

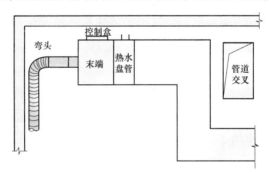

图6-6　没有足够的检查空间的安装错误

VAV-TMN安装应根据厂家配给的VAV-TMN箱体尺寸大小单独设置吊架，其质量不由风管支架承受。风机动力型VAV-TMN的安装支架上使用防振吊钩连接，VAV-TMN安装如图6-7所示。

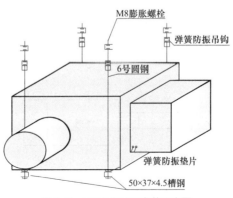

图6-7　VAV-TMN安装示意图

连接 VAV-TMN 箱的一次风风管管径不得小于 VAV-TMN 箱的入口管径，否则会使管内风速加大，末端噪声变大，同时可能产生风量不足等现象。

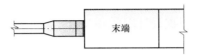

图 6-8　引入管小于 BOX 设备接管的错误方式

VAV-TMN 的引入管应直接从主风管上引入，尽量避免从支管引入，以免产生风量不足。

VAV-TMN 箱安装后其最大流量下的阀门的开启角度不宜太小，应调到合适的角度，如图 6-9 和图 6-10 所示。

　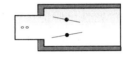

图 6-9　最大流量下开启角度太小　　图 6-10　最大流量下开启角度合适

变风量末端的安装位置应符合如下要求：

（1）末端箱体距其他管线要求有 5cm 的距离，以防止设备受力倾斜。

（2）变风量末端设备的吊装要求水平，为了减少末端设备振动产生附加噪声，末端箱体和吊架之间设有橡胶减振隔垫，若是采用带动力的 VAV 末端，则还需采用弹簧减振器。由于变风量末端重心不在中间，特别是配有热盘管的末端，盘管端较重，设备吊装时在吊件上下均备螺母，并进行调节保证末端设备的水平度。

（3）末端设备接线箱要进行接线、调试及检修，所以接线箱距其他管线及墙体要有充足的距离（一般要求有 60cm 以上），保证接线箱开启方便。

（4）与末端设备进口相连的风管要求有 3~4 倍管径长度直管段，以便建立稳定的气流，从而使流量测定足够准确。

（5）因末端设备采用了内保温，所以一次、二次风管与末端设备箱体接口处保温要处理严密，防止因冷桥现象产生冷凝水。

（6）末端设备由于风量传感器、压力信号传感器等外露线路较多，搬运安装时要注意保护，不能用进出口风管、热盘管、控制箱、风阀轴的外伸端作为受力点。

（7）此外，末端设备需留检修口调试检修，所以设备定位时既要考虑检修口的设置方便，又不要影响装修的效果。

（8）若是采用带动力的 VAV 末端，风管与 VAV 的连接（包括入口和出口）均采用带保温风管软接头。

5.再热水盘管安装

（1）工艺流程：预检→水压检验→定位→支架制作→再热水盘管安装→连接配管→安装后检查。

（2）操作工艺：再热水盘管在安装前应检查每台电动机壳体及表面交换器有无损伤、

锈、蚀等缺陷。

再热水盘管应根据施工规范要求采用抽检方式进行水压试验，抽检试验数量为每批同规格盘管数量的 15%，并不得少于 1 台。试验强度应为工作压力的 1.5 倍。定压后观察 2~3min 不渗不漏为合格。根据设计图样和装修要求定出盘管纵横方向安装基准线和标高。

（3）安装注意事项：水管与再热水盘管连接采用风机盘管专用金属软接头，软接头长度不大于 300mm。

6. 风管强度与严密性试验

变风量系统通常设计为低压或中压系统，风管批量制作前，对风管制作工艺进行验证试验时，应进行风管严密性和强度试验；风管系统安装完成后，应对安装后的主、干风管分段进行严密性试验，应包括漏光检查和漏风量检测。

（1）风管强度与严密性试验应按风管系统的类别和材质分别制作试验风管，均不应少于 3 节，并且不应小于 15m²。制作好的风管应连接成管段，两端口进行封堵密封，其中一端预留试验接口。

（2）风管严密性试验采用测试漏风量的方法，应在设计工作压力下进行。漏风量测试可按下列要求进行：

1）风管组两端的风管端头应封堵严密，并应在一端留有两个测量接口，分别用于连接漏风量测量装置及管内静压测量仪。

2）应将测试风管组置于测试支架上，使风管处于安装状态，并安装测试仪表和漏风量测量装置，如图 6-11 所示。

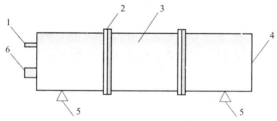

图 6-11　漏风量测试装置连接示意图

1—静压测管；2—法兰连接处；3—测试风管组（按规定加
固）；4—端板；5—支架；6—漏风量测量装置接口

3）应接通电源、起动风机，调整漏风量测试装置节流器或变频调速器，向测试风管组内注入风量，缓慢升压，使被测风管压力示值控制在要求测试的压力点上，并基本保持稳定，记录漏风量测试装置进口流量测试管的压力或孔板流量测试管的压差。

4）应记录测试数据，计算漏风量；应根据测试风管组的面积计算单位面积漏风量；计算允许漏风量；对比允许漏风量判定是否符合要求。实测风管单位面积漏风量不大于允许漏风量时，应判定为合格。

（3）风管的允许漏风量应符合下列规定。

矩形风管的允许漏风量可按下式计算：

低压系统：$Q_L \leq 0.1056 P^{0.65}$，中压系统：$Q_M \leq 0.0352 P^{0.65}$

式中　Q_L、Q_M——在相应设计工作压力下，单位面积风管单位时间内的允许漏风量，$m^3 / (h \cdot m^2)$;

P——风管系统的设计工作压力，Pa。

低压、中压圆形金属风管，应为矩形风管规定值的50%。

（4）风管强度试验宜在漏风量测试合格的基础上，继续升压至设计工作压力的1.5倍进行试验。在试验压力下接缝应无开裂，弹性变形量在压力消失后恢复原状为合格。

7. 风管系统严密性试验

风管系统严密性试验应按不同压力等级和不同材质分别进行，并应符合下列规定：

（1）低压系统风管的严密性试验，宜采用漏光法检测。漏光检测不合格时，应对漏光点进行密封处理，并应做漏风量测试；漏光检测所用电源应为安全电压。

（2）中压系统风管的严密性试验，应在漏光检测合格后，对系统漏风量进行测试。

（3）风管系统漏光检测可按下列要求进行：

1）风管系统漏光检测时（见图6-12），移动光源可置于风管内侧或外侧，其相对侧应为暗黑环境。

2）检测光源应沿着被检测风管接口、接缝处作垂直或水平缓慢移动，检查人在另一侧观察漏光情况。

3）有光线射出，应做好记录，并应统计漏光点。

4）应根据检测风管的连接长度计算接口缝长度值。

5）系统风管的检测，宜采用分段检测，汇总分析的方法。系统风管的检测应以总管和主干管为主。低压系统风管每10m接缝，漏光点不大于2处，且100m接缝平均不大于16处为合格；中压系统风管每10m接缝，漏光点不大于1处，且100m接缝平均不大于8处为合格。

（4）风管系统漏风量测试应符合下列规定：风管分段连接完成或系统主干管应已安装完毕；系统分段、面积测试应已完成，试验管段分支管口及端口应已密封；应按设计要求及施工图上该风管（段）风机的风压，确定测试风管（段）的测试压力。

8. 空调风管系统与设备绝热

（1）空调风管系统与设备绝热施工前应具备下列施工条件：

1）选用的绝热材料与其他辅助材料应符合设计要求，粘结剂应为环保产品，施工方法已明确。

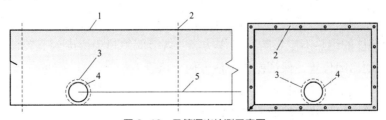

图6-12　风管漏光检测示意图

1—风管；2—法兰；3—保护罩；4—低压光源（＞100W）；5—电源线

2）风管系统严密性试验合格。

（2）空调风管系统与设备绝热应按下列工序进行：

1）超细玻璃棉保温。清理风管表面→粘保温钉→保温板下料→铺覆保温板→压保温钉盖→切除外露多余保温钉→保温板拼缝采用铝箔胶带粘结→缠玻璃丝布→刷防火漆两道→制作镀锌铁皮包角→绑扎打包带。

2）橡塑海绵保温板保温。清理风管表面→风管表面涂刷 401 胶→保温板下料→保温板刷 401 胶→铺覆橡塑海绵保温板→保温板压实→采用薄压条将橡塑海绵保温板拼缝粘结牢固。

（3）镀锌钢板风管绝热施工前应进行表面去油、清洁处理；冷轧板金属风管绝热施工前应进行表面除锈、清洁处理，并涂防腐层。

（4）保温钉的布置如图 6-13 所示。风管绝热层采用保温钉固定时，应符合下列规定：

1）保温钉与风管、部件及设备表面的连接宜采用粘结，结合应牢固，不应脱落。

2）固定保温钉的粘结剂宜为不燃材料，其粘结力应大于 25N/cm^2；

3）保温钉粘结后应保证相应的固化时间，宜为 12~24h，然后再铺覆绝热材料。

4）风管的圆弧转角段或几何形状急剧变化部位处保温钉的布置应适当加密。

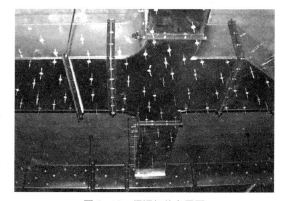

图 6-13　保温钉的布置图

5）风管、保温钉布置合理、均匀，风管底每平方米不应少于 16 个，侧面不应少于 10 个，上面不应少于 8 个，首层保温钉至风管或保温材料边缘的距离应小于 50mm。

（5）风管绝热材料应按长边加 2 个绝热层厚度，短边为净尺寸的方法下料。绝热材料下料的允许偏差应为 ±3mm。绝热材料应尽量减少拼接缝，风管的底面不应有纵向拼缝，小块绝热材料可铺覆在风管上平面。

（6）绝热层施工应满足设计要求，并应符合下列规定：

1）绝热层与风管、部件及设备应紧密贴合，无裂缝、空隙等缺陷，且纵、横向的接缝应错开。绝热层材料厚度大于 80mm 时，应采用分层施工，同层的拼缝应错开，层间的拼缝应相压，搭接间距不应小于 130mm。

2）阀门、三通、弯头等宜采用绝热板材切割预组合后，再进行施工。

3）风管部件的绝热不应影响其操作功能。调节阀绝热要留出调节转轴或调节手柄的位置，并标明启闭位置，保证操作灵活方便。风管系统上经常拆卸的法兰、阀门、过滤器及检测点等应采用能单独拆卸的绝热结构，其绝热层的厚度不应小于风管绝热层的厚度，与固定绝热层结构之间的连接应密闭。

4）带有防潮层的绝热材料接缝处，宜用宽度不小于 50mm 的粘胶带粘贴，不应有胀裂、褶皱和脱落现象。

5）软接风管宜采用软性的绝热材料，绝热层应留有变形伸缩的余量。

6）空调风管穿楼板和穿墙处套管的绝热层应连续不间断，且空隙处应用不燃材料进行密封封堵。

（7）绝热材料粘结固定应符合下列规定：

1）粘结剂应与绝热材料相匹配，并应符合其使用温度的要求。

2）涂刷粘结剂前应清洁风管与设备表面，采用横、竖两方向的涂刷方法将粘结剂均匀地涂在风管、部件、设备和绝热材料的表面。

3）涂刷完毕，应根据气温条件按产品技术文件的要求静放一定时间后，再进行绝热材料的粘结。

4）粘结宜一次到位，并加压，粘结应牢固，不应有气泡。

5）绝热材料使用保温钉固定后，表面应平整。

6）风管金属保护壳外形应规整，板面宜有凸筋加强，边长大于800mm的金属保护壳应采用相应的加固措施。

6.1.3 自控系统安装

1. 施工工艺流程

熟悉图样（深化图样设计）→ 预埋管 → 预留孔洞 → 安装线槽 → 放线 → 设备安装 → 调试 → 联动系统单体调试 → 系统联调。

2. 预埋管

自控系统在土建结构施工阶段做到以下几点：

（1）深入了解施工图样上需预埋的盒、管等情况，尤其是结构板、柱、梁内部分，跟随土建结构施工从下到上提前预埋。

（2）与土建技术人员协调，保证预埋的管盒满足土建技术要求及保护层厚度，配合土建结构施工预埋好过墙洞。

3. 安装线槽和放线

（1）线槽的安装。

1）电线导管与线槽安装及布线应符合现行国家标准 GB 50303—2011《建筑电气工程施工质量验收规范》和 GB 50339—2013《智能建筑工程质量验收规范》的有关要求。

2）强、弱电线宜分开在不同线槽内敷设。当强、弱电线槽交错时，强电线槽应在弱电线槽之上，两者间距不应小于300mm。当强、弱电电缆同放一个线槽中时，中间应用隔板隔开。

（2）线缆敷设。

1）线槽内线缆应排列整齐，不拧绞；线缆出现交叉时，交叉处应粗线在下，细线在上；不同电压的线缆应分类绑扎，并应固定牢固。

2）线管内穿入多根线缆时，线缆之间不应相互拧绞，线管内不应有接头，接头应在线盒（箱）处连接；不同回路、不同电压、交流与直流的导线不应穿入同一根线管内，

导线在管内或线槽内不应有接头或扭结，导线的接头应在接线盒内焊接或用端子连接。

3）线管不便于直接敷设到位时，线管出线终端口与设备接线端子之间应采用金属软管连接，不应将线缆直接裸露；室外电缆尤其注意：老化问题严重，一般信号线不易浸水。低温无卤不宜直埋，埋地线管一定要做好防水措施。不建议直埋，宜走沟。

4）敷设至设备处的导线预留长度不应少于150mm，敷设至控制器的导线预留长度不应少于控制器安装高度的1.5倍。

5）进入机柜后的线缆应分别进入机架内分线槽或分别绑扎固定。

6）敷设光缆时，其弯曲半径不应小于20倍光缆外径，光缆的牵引端头应做好技术处理，光缆接头的预留长度不应小于8m。

7）光缆进机柜一般需要经过配线架配线后接入设备，由于我们项目非正式的综合布线，一般在控制柜内布置终端盒，故应该在控制柜内预留终端盒的位置及检修空间。

8）出终端盒的光纤跳线有ST/SC/LC/FC四类跳线，一般建议采用金属卡箍式的ST跳线，接触紧固，不易出现信号松动。

（3）设备接线。

1）接线前应根据施工图编号校对线路，同根导线两端应套上相应编号的接线端子，进入端子的导线应留适当余量。

2）导线的铜芯不应有毛刺和损伤，线头弯成圆圈的方向应与螺钉拧入方向一致，导线与螺母的固定应采用垫圈。

3）连接电缆应排列整齐，避免交叉，固定应牢固。

4）接线完毕应认真检查线路，并在适当部位对导线标识。

5）线缆进出设备应做好防水措施。

6）注意密封圈问题，盖盖子及拧螺钉时不能用力过猛。

4. 设备安装

（1）风管温度传感器。

1）温度传感器的安装应注意做好防冷凝水措施。

2）空气温度传感器应设在避开空气滞流的风管直管段上。传感器插入时应加密封圈，固定后应对接口周围用密封胶密封。

（2）温湿度传感器。

1）室内温湿度传感器。

a）室内温湿度传感器安装位置应空气流通，且不易积尘。

b）风管型温湿度传感器的安装应在风管保温层完成后进行。

2）室外温湿度传感器。

a）室外温湿度传感器安装位置应避免阳光直射，避免进水或水汽凝结，探头宜向下。

b）安装点应最能反映温湿度变化点，条件许可可考虑采用气象站。

3）空气质量传感器。

a）空气质量传感器的安装应符合相关规定的要求。

b）检测气体密度小于空气密度时，空气质量传感器应安装在风管或房间的上部；检测气体密度大于空气密度时，空气质量传感器应安装在风管或房间的下部。

c）风管空气质量传感器的安装应在风管保温层完成之后进行。

（3）风管压力传感器。风管上安装的空气压力（压差）传感器时，应在风管保温前开测压孔，测压点与风管连接处应采取密封措施。

1）压差传感器（压差开关）。

a）安装前应进行零点校准。

b）连接导压管的端口应朝下安装；高、低压接入点应与高、低压管道相对应。

c）安装位置应便于检修，固定应牢固。

d）与导压管的连接应设置避振弯管。

2）电动阀门的安装。

a）电动阀的安装应满足设计和产品技术文件要求。

b）电动阀安装前，应进行模拟动作和压力试验。执行机构行程、开关动作及最大关紧力应符合设计和产品技术文件的要求。

c）电动阀的口径与管道通径不一致时，采用渐缩管件，同时电动阀口径一般不低于管道口径二个等级。空调器的电动阀旁宜装有旁通管路。

d）执行机构固定牢固，操作手轮处于便于操作的位置。有阀位指示装置的电动阀，阀位指示装置面向便于观察的方向。

e）电动阀垂直安装于水平管道上，尤其大口径电动阀不得倾斜。电动阀安装在管道较长的地方时，安装支架和采取避振措施。

f）安装于室外的电动阀适当加防晒、防潮、防雨措施。电动阀安装前检查阀门的驱动器，其行程、压力和最大关紧力（关阀的压力）必须满足设计和产品说明书的要求；阀门的型号、材质必须符合设计要求，其阀体强度、阀芯渣漏经试验必须满足产品说明书有关要求。

（4）监控室设备安装。监控室常用配备设备包括控制台、系统控制柜、监控主机、服务器、交流净化稳压电源、UPS不间断供电电源、打印机等。布局要合理，应与弱电系统、消防系统、视频监控统一布局。

1）监控室设备安装的准备工作。

a）监控室的土建、装修施工和设备基础验收合格。

b）室内环境满足设备安装要求。

c）配置总供电电源。

d）有单独的弱电接地体。

e）控制柜应远离窗户等，防止遭遇雷击等破坏。

2）监控室设备布置与安装。

a）首先监控室设备的布置与安装应符合设计要求。

b）控制台正面与墙的净距不应小于1.20m；侧面与墙的净距不应小于0.80m，侧面

为主要走道时，不应小于 1.50m。

c）设备应整体布局规整，间距合理，满足操作和维护要求。

d）机柜内监控主机应安装牢固，控制台及机柜内插件应接触牢固，无扭曲、脱落现象。

e）主监视器距监控人员的距离宜为主监视器荧光屏对角线长度的 4～6 倍；避免阳光或人工光源直射荧光屏。

f）引线与设备连接时，应留有余量，并做永久性标志。

g）配线宜采用辐射方式，线管接头应采用了螺纹连接。

h）管理系统软件安装时，应考虑软件的安全性、通用性、兼容性和可维护性。

（5）控制柜的安装。

1）落地式机柜安装可采用槽钢或混凝土基础，基础应平整。控制柜应与基础平面垂直，并应与基础固定牢固。控制柜接地应接入整个弱电系统接地网。

2）壁挂式机柜的安装应在墙面装修完成后进行，安装应平正，与墙面固定应牢固，并应可靠接地。挂墙安装时，机柜安装高度应方便操作，通常柜中心标高距地面高度为 1.5m，有操作屏的操作屏中心高度与人平视，但不超过 1.7m。正面操作空间距离应大于 1.2m，靠近门轴的侧面空间距离应大于 0.5m。

5. 噪声防治

振动和噪声的预防是安装过程中一个重点，安装过程中风管的振动和噪声预防主要从以下几个方面着手：

（1）空调机组、风机和风管相连接的软接头的安装做到松紧适度，避免因软接过松减小进出风口面积，而引起噪声和振动。

（2）为防止风管振动，在每个系统主干风管的转弯处、与空调设备连接处设固定支架。

（3）带动力的 VAV 末端吊装应设弹簧垫片及弹簧减振器，进出口风管应设风管软接头。

（4）为了满足噪声要求，空调送、回风管上均应设隔声消声措施，如消声器或消声静压箱，或根据设计要求。

（5）回风口位置应尽可能避开动力型 VAV 末端。

（6）动力型 VAV 末端下游采用内衬消声风管。

6.2 　变风量空调系统调试

6.2.1　调试准备

系统的调试是一项综合工作，需要如水、电设备和自动控制等多个相关专业的紧密配合和协调。系统调试前，成立调试小组，做好人员、资料、仪器、仪表及现场环境等准备工作，编制调试目标表、调试计划表（见表 6-1、表 6-2），并明确调试人员和组织机构。调试人员必须由暖通工程师和自控工程师组成，并根据项目规模确定参加人数。

表 6-1　　　　　　　　　　　　　　　　编制调试目标表

序号	名称	调试目标
1	总送风量调试	系统总送风量调试结果与设计风量的偏差不应大于 10%
2	送风余压调试	偏差小于 10%
3	新风量调试	新风量与设计新风量的偏差允许为 10%
4	夏季室内温度调试	25℃ ±1℃（或按设计要求）
5	冬季室内温度调试	20℃ ±1℃（或按设计要求）
6	室内噪声	≤ 45dB 或满足设计要求
7	系统节能指标	与定风量相比节能 60%

表 6-2　　　　　　　　　　　　　　　　编制调试计划表

序号	项目	内容	时间	配合单位
1	设备单机试运转	空调机组试运转		
		变风量末端试运转		
2	无负荷下联合试运转和调试	空调系统总送风量、送风余压调试		
		VAV 系统各支路送风管静压测试		
		各支管风量平衡		
		各 VAV 末端的送风量测试		
		各出风口风量平衡		
3	自控系统调试	控制器		
		控制元件调试		
		变风量空调机组调试		
		变风量末端调试		
4	夏季工况调试	系统联动调试，空调系统各参数、房间温度湿度、噪声等测试		
5	冬季工况调试	系统联动调试，空调系统各参数、房间温度湿度、噪声等测试		

6.2.2　单元调试

空调系统调试之前，应先进行设备单机试运转，设备单机试运转符合设计要求后，方可进行系统调试工作。设备通电运转前必须经厂家技术人员检查无误后才能通电，设备单机试运转及系统调试过程中须有各设备厂家配合调试。在电气设备、主回路及控制回路的性能符合要求的条件下，分别对各种设备进行检查、清洗、调整，并进行连续一段时间的运转。各项技术指标，例如轴承温度、风量、压力、扬程等达到设计要求后，单体设备的试运转合格。

6.2.2.1 空调机组试运转

（1）空调机房和设备内部清理。

（2）风机外观检查：

1）核对风机、电动机型号、规格及皮带轮直径是否与设计相符。

2）检查风机、电动机的皮带轮的中心轴线是否平行，地脚螺栓是否已拧紧。

3）检查风机进、出口处柔性短管是否严密，传动带松紧程度是否适合。

4）检查轴承处是否有足够润滑油。

5）用手盘动传动带时，叶轮是否有卡阻现象。

6）检查风机调节阀门的灵活性，定位装置的可靠性。

7）检查风机调节阀门启闭是否灵活。

8）检查电动机、风机、风管接地线的可靠性。

（3）风管系统的风阀、风口检查：

1）关好空调器上的检查门。

2）主、干支管上的调节阀、防火阀应全部打开。

3）送、回风口的调节阀应全部打开。

（4）风机的起动与运转：

1）风机初次起动时点动后立即停止运转，检查叶轮与外壳有无摩擦和不正常声音。风机旋转方向应与壳体上的箭头一致。

2）用钳形电流表测量电动机起动电流，运转正常后再测电动机的运转电流，若运转值超过额定值，应将总风量调节关小，直至达到额定电流，因为超过额定电流，易将风机烧坏。

3）风机运转过程中如有异常现象，应立即停车检查，查明原因及处理后再运转，连续运转不少于 2h。

（5）风机试运转记录下列数值，并在试运转报告中认真填写：

1）风机的电动机起动电流和运转电流。

2）风机试运转中产生的异常现象。

（6）如出现不良现象，应与厂家取得联系，并一同处理，直到风机运转正常。

6.2.2.2 变风量末端试运转

检查项目：起停控制、制冷状态风阀动作、加热状态风阀动作。

6.2.2.3 自控系统点对点调试

1. 自控系统控制元件调试

（1）管道温度、湿度、压力、二氧化碳浓度等传感器。

（2）风机压差开关。

（3）初效过滤网压差开关。

（4）调节阀水阀和风阀。

（5）开关型蝶阀（楼层总管阀门）和水阀。

（6）DO 和 DI 状态点。

合格标准：所有传感器读数正常，误差在运行范围内，所有阀门开关动作正常，阀位反馈正常。

2. 变风量空调机组点对点调试控制

（1）通过控制器对风机进行远程起停控制点对点调试。

（2）监测风机运行状态、故障状态、手自动状态点对点调试。

（3）风机频率给定与反馈点对点调试。

合格标准：各个点均能通过控制器控制和监视。

3. 通信调试

通信调试分为空调机组控制器与 VAV-TMN 控制器之间的通信调试和空调机组控制器与上位机之间的通信调试。

空调机组控制器与 VAV-TMN 控制器之间的通信调试需满足设计要求，所有 VAV-TMN 均能接入空调机组控制器，通信速率达到设计要求。

空调机组控制器与上位机之间的通信调试需满足所有空调机组控制器均能接入上位机，通信速率达到设计要求。

6.2.2.4 系统无负荷下联合试运转和调试

在各单体空调设备及附属设备试运转合格后，即可组织人力进行系统无负荷下联合试运转和调试，主要需进行以下调试：空调系统总送风量、送风余压调试；VAV 系统各支路送风管静压测试；各支管风量平衡；各 VAV 末端的送风量测试；各出风口风量平衡。

调试目标：在满负荷条件下每个房间的送风口的风量满足设计要求。

1. 空调系统总送风量、送风余压调试

（1）准备工作。

1）将空调系统的风管上的风阀全部开起。

2）将三通调节阀门放在中间位置。

3）手动开起变风量末端至最大开度。

4）开起空调机组，此时应调节总送风阀使其开度保持在风机电动机允许的电流范围内。

5）将 VAV 全部开起。

6）AHU 出口阀门全开。

7）开起回风阀门，关闭新风阀门。

8）待系统稳定运行 30min 后，开始测试。

（2）送风量的测定。

1）粗测总风量是否满足设计风量要求，为下步调试工作做准备。

2）因为回风口的气流比较均匀，所以可以在空调机组回风口测量风速，风速的测试一般将回风口分为四格或者六格，在格子中心点测风速，最后取所测得各个的风速的

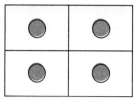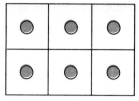

图 6-14　风速测试布置图

平均值，如图 6-14 所示。

3）根据所测得的风速可按下式计算风量

$$L = 3600 F_{内框} v \cdot K \qquad （\text{m}^3/\text{h}）$$

式中　$F_{内框}$——回风口的内框面积，m^2；

　　　　K——考虑格栅的结构和装饰形式的修正系数，该值应通过实验方法确定，一般取 0.7~1.0；

　　　　v——风口处测得的平均风速，m/s。

（3）空调机组出口静压的测定。空调机组出口静压的测试通常是用压力计测试，测量时通常是用插入风道中的测压管将压力信号取出，在与之连接的压力计上读出。

一般风量实测值与设计值的偏差在 10% 以内，则认为满足设计要求；若直接测量各个 VAV 末端的风量之和与设计值的偏差在 10% 以内，则可跳过空调系统总送风量、送风余压调试。

若空调机组风量不能满足设计要求，则分析原因如管道漏风、空调机组反转等，进行排查。

2. VAV 系统各支路送风管静压测试与校核

（1）选定静压测定位置和测定点。测试静压要注意以下事项：

1）测量断面应选择在气流平稳的直管段上。

2）测量断面设在弯头、三通等异形部件前面（相对气流流动方向）时，距这些部件的距离应大于 2 倍管道直径。

3）当测量断面设在上述部件后面时，距这些部件的距离为 4~5 倍管道直径。现场条件许可时，距这些部件距离越远，气流越平稳，对测量越有利。

4）测量断面位置距异形部件的最小距离至少是管道直径的 1.5 倍。

根据经验，静压测试值一般在 100~200Pa，一般预先设定较高值如 200Pa，再逐步下降，检查 VAV 末端的阀位情况，保证 VAV 末端的风量满足设计要求。

（2）系统的风量的测试和调整。系统风量的测定和调整一般应从系统最远管段也就是从最不利的支路和风口开始，逐步地调向总风管，步骤为：

1）按设计要求计算各送风主要支管的送风量。

2）测量各个主要支管的实际送风量。

3）根据主要支管的实际风量与设计风量比较，利用手动风阀进行调整。

4）经调整后在各部分调节阀不变动的情况下，重新测定各处的风量作为最后的实测风量。

3. VAV BOX 风量的测试和调整

（1）在各个支路风量平衡的基础上，再测试各支路的 VAV-TMN 的风量。

（2）将所测得的风量与设计风量进行比较。

（3）如果偏差过大，检查原因并利用手动阀门调整。

（4）经调整后在各部分调节阀不变动的情况下，重新测定各 VAV 的风量作为最后的实测风量。

4. 系统风量达到平衡后，应达到的指标

空调系统的送风量、新风量、回风量的实测值与设计风量的允许值偏差不大于10%，各支路、各风口允许值偏差不大于15%，VAV 风量实测值与设计风量的允许值偏差不大于10%。

6.2.3 联合调试

在完成单元调试的基础上，开始进行系统联合调试，具体调试内容分为变风量空调机组联合调试、上位机功能调试、夏季工况运行调试、冬季工况运行调试、优化运行。

6.2.3.1 变风量空调机组联合调试

在完成控制元件测试后，通过控制器开始变风量空调机组的自控调试：

（1）实时监测各空调机组的运行状态、故障报警和手/自动状态。

（2）根据工作日及节假日作息时间表制定相应的时间程序，定时启停机组。

（3）连锁控制：风机、风阀、水阀连锁控制，停风机时自动关闭水阀和风阀，风机起动时，自动打开风阀，并延时打开水阀。

（4）在送风干管接近末端的3/4处设置静压传感器。空气处理机送风量受管道静压控制。空调机组通过变频控制调节送风管道静压，既满足送风量需求又实现节能。

（5）所有空气处理机均配置了电子过滤器，对空气实施冷却去湿、加热及中效过滤。

（6）自动监视送风温度，自动与设定温度值比较，按照 PID 模式自动调节控制冷水/热水两通阀的开度，维持送风温度在设定范围内。

（7）自动监视回风 CO_2 含量，按照 PID 模式联动新风阀和回风阀。

（8）分布在每个房间内的变风量调节器（VAV-BOX）的送风阀门控制，根据墙装温度反馈的信息进行自动调节。

（9）系统将采集典型室外温湿度参数，供系统作最优启停控制与焓值控制及其他的节能控制。春秋过渡季节尽量利用新风，冬夏季通过调节新风与回风比例，在保证舒适度情况下以最小新风量运行，达到节能效果。

6.2.3.2 上位机功能调试

上位机是人机交互的界面，操作人员通过上位机获取运行信息，并通过上位机对变风量系统进行启停控制和参数设定，上位机需调试如下内容：

（1）具有变风量空调机组的监视画面，实时显示各运行参数。

（2）具有变风量平面图，实时显示各房间运行参数。

（3）具有 VAV-TMN 运行画面，实时显示各 VAV-TMN 运行参数。

（4）对各变风量空调机组的参数进行设定。

（5）具有数据报表功能，记录各参数运行数据，并能形成报表进行打印输出。

（6）具有趋势显示和报警显示等功能。

（7）具有时间表程序自动控制风机启停，并累计运行时间。

6.2.3.3　空调系统夏季工况运行

设备无负荷下联合试运转和调试、BA 系统调试完成后，进行供冷工况运行。空调系统各个运行参数需满足设计要求。当室内温度不能满足设计要求时，应对风系统、水系统、VAV 末端和 BA 系统等分别进行分析和调整，直至满足设计要求。

6.2.3.4　空调系统冬季工况运行

设备无负荷下联合试运转和调试、BA 系统调试完成后，进行供热工况运行。空调系统各个运行参数需满足设计要求，当室内温度不能满足设计要求时，应对风系统、水系统、VAV 末端和 BA 系统等分别进行分析和调整，直至满足设计要求。

6.2.3.5　优化运行阶段

自控系统实时记录变风量系统运行参数，在变风量系统带负荷运行一段时间后，需根据实际运行情况，对数据进行综合分析，提出优化运行方案，调整某些参数设定值，实现方便管理和节能运行的目的。

第7章

变风量空调设计应用实例

7.1 华电电力科学研究院办公楼低温送风变风量空调设计应用

7.1.1 工程概况

华电电力科学研究院办公大楼位于浙江省杭州市，总建筑面积约 16000m² 大楼夏季冷源采用冰蓄冷，为充分利用冰蓄冷系统提供的高品位冷源，大楼部分办公楼的中央空调设计采用低温送风变风量空调方式，其余区域则采用常规的风机盘管加新风系统空调方式，本文将着重描述低温送风变风量空调系统的设计和运行情况。

7.1.2 变风量低温送风空调系统设计

1. 系统冰蓄冷冷源设计

大楼冷源为冰蓄冷系统，采用主机上游串联、分量蓄冷模式。系统配置两台双工况主机，采用不完全冻结式纳米导热复合蓄冰盘管，设计有 5 种运行模式以满足不同的运行需求：

（1）主机制冰模式，该模式下主机在夜间低谷电期间运行制冰工况制冰。

（2）主机制冰兼供冷模式，该模式下主机在夜间低谷电期间运行制冰工况制冰，同时通过阀门调节实现供冷，满足夜间办公加班的供冷需求。

（3）主机与融冰联合供冷模式，同时为末端提供冷源。

（4）融冰单供冷模式，利用蓄冰装置单独提供冷源以节约运行费用。

（5）主机单供冷模式，利用主机单独为末端提供冷源。

大楼的低温乙二醇冷源系统与末端冷水系统采用板式换热器隔开，低温送风系统与常规风机盘管加新风系统分别采用两个板式换热器，乙二醇侧均采用 3.5℃ /11℃ 的供回水温度，冷水侧前者采用 5℃ /12℃ 的供回水温度，后者采用 7℃ /12℃ 的供回水温度。

2. 低温送风变风量空调系统设计参数

典型低温送风变风量空调系统的设计参数见表 7-1。

表 7-1   低温送风变风量空调系统设计参数

项 目	参 数
空调机组送风量（m³/h）	12000
设计送风温度（℃）	8.5
设计额定冷量（kW）	131
空调机组送风机功率（kW）	5.5
供回水温度（℃）	5/12
变风量末端数量（台）	8
低温风口数量（个）	32

注   VAV 采用 HYD 型单风道，低温送风口用 SL-24 型。

3. 末端设计选型

（1）变风量末端装置选型。常用的变风量末端有 3 种：单风道型、串联型风机动力箱和并联型风机动力箱。单风道型变风量末端无动力设备，如图 7-1（a）所示。系统运行时，由空调机组送出的一次风，经单风道型变风量末端内置的风阀调节后送入空调区域。考虑到在办公场所应用，设计吊顶高度不高，同时为简化系统，采用了无再热器的冷热型单风道变风量末端。采用该形式，单风道末端是依靠系统送来的冷风或热风实现供冷或供热，供冷工况时，送风量随室温增加（冷负荷增加）而增加，供热工况则送风量随室温降低（热负荷增加）而增加，运行性能如图 7-1（b）所示。

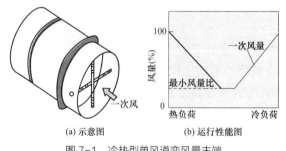

(a) 示意图   (b) 运行性能图

图 7-1   冷热型单风道变风量末端

（2）低温送风口选型。低温送风系统送风散流器的形式应根据所采用的末端装置的类型确定。因本系统采用单风道型末端装置，因此需要采用适合低温送风的散流器，以解决气流组织和防结露问题。

本系统采用射流型低温送风口，该低温风口的关键部件是送风芯体，送风芯体由许多喷口组成，一次低温风以较高的速度通过喷口，形成负压并大量卷吸周围空气，从而使送风气流在离开喷口的较短距离内已成为一次风和室内回风的混合体。另外，送风气流通过低温风口的送风壳体形成贴附射流，达到良好的气流组织；送风芯体采用低导热材料，防止结露现象的发生，送风示意图如图 7-2 所示。

4. 低温送风变风量空调系统的控制

空调机组（AHU）承担了办公区域的空调负荷来源，同时为变风量末端装置提

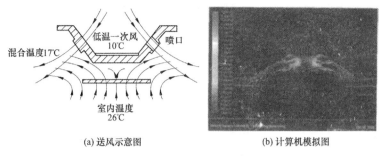

(a) 送风示意图　　　　　　　　(b) 计算机模拟图

图 7-2　低温风口送风气流组织

供制冷 / 采暖一次风，控制系统对其控制的重点在于按设计要求完成空气处理过程、优化控制过程以及协同变风量末端的工作，根据负荷需求变频调节 AHU 送风机的频率以提供合适的冷、热量。变风量空调系统是一个多回路的动态的调节过程，且各回路的调节又相互关联，通过自控系统可以实现系统各回路的有效控制，具有静压控制、送风温度控制、新风控制、排风控制、开关机控制以及报警功能等多个控制循环。

（1）静压控制：在送风管上设置的静压传感器，根据设定静压值与实测值的偏差来变频调节送风机的转数，同时根据各个 VAV 的阀位开度以改变静压设定值，兼顾稳定和节能运行。

（2）送风温度控制：根据设定送风温度与实测值的偏差调节电动冷 / 热水阀的开度。

（3）新风控制：在新风管上设置的风速传感器，空调运行季根据最小设定新风量值与实测值的偏差以调节新风阀和回风阀的开度；过渡季采用全新风运行。

（4）开关机控制：根据需求可利用时间表来实现定时开关机。

（5）报警功能：当出现过滤网阻塞、风机故障、传感器故障等情况时能及时判断，切断电源或报警提醒。

自控系统具有友好的工作界面和强大的数据存储功能，如图 7-3 所示。

7.1.3　系统运行情况

本工程于 2006 年 4 月安装调试完毕，经过一个供冷 / 采暖周期的实际运行，系统工作稳定。

1. 典型制冷日运行情况

现取其中一个典型制冷运行日的记录数据进行分析，以评价低温送风变风量系统的性能指标。

测试条件：测试日期：2006-08-08，室外参数：35.9℃ /85.2%，空调机组设定送风温度为 9℃。

系统送风温度、频率和送风管静压测试。系统运行参数如图 7-4 所示。

2. 低温送风空调区域热舒适性测试

对 4 个典型区域测点的房间温度和设定温度进行测试和分析，温控器的设定温度为 27℃，测试结果见表 7-2。

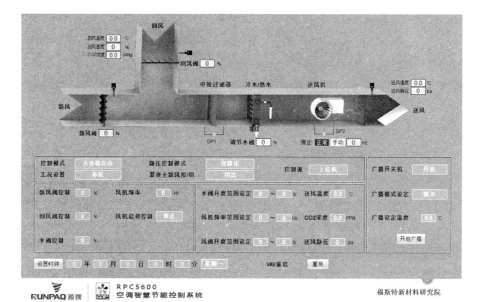

（a）AHU5-2机组示意

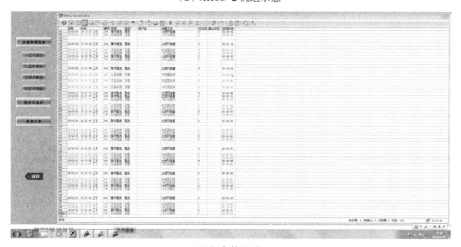

（b）参数记录

图7-3　自控系统界面图

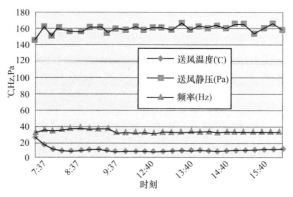

图7-4　系统运行参数图

表7-2 各测点的温度 (℃)

时刻	测点1	测点2	测点3	测点4
8：45	26.8	26.2	26.4	27.6
9：00	26.6	26.2	26.2	27.4
9：20	26.8	25.8	26.8	27.9
9：45	26.7	25.7	26.1	27.8
10：20	26.6	25.5	26.5	27.6
10：40	26.5	26.2	26.8	27.6
11：05	26.5	26.3	26.3	27.5
11：20	26.7	26.4	26.8	28
12：00	26.4	26.4	26.4	27.7
12：30	26.5	26.4	26.7	27.4
13：30	26.6	26.5	27.1	27.2
14：30	26.6	26.6	26.8	27.0
15：30	26.6	26.7	27.2	27.2
16：15	26.6	26.5	26.9	27.4
平均温度	26.6	26.2	26.6	27.6

注 平均室内温度：26.8℃。

测试中利用热球式电风速计QDF-2进行各测点的风速测量，同一个测点的风速基本无变化，见表7-3。

表7-3 各测点的风速 (m/s)

测点1	测点2	测点3	测点4
0.07	0.06	0.07	0.11

注 因工作区风速波动小，认为测试时间内风速不变。

有效温度差与室内风速之间存在下列关系

$$\Delta ET = (t_i - t_n) - 7.66(u_i - 0.15)$$

式中 ΔET——有效温度差，℃；

t_i，t_n——工作区某点的空气温度和平均室内温度，℃；

u_i——工作区某点的空气流速，m/s。

按照有效温度差（ΔET）及空气分布特性指标（ADPI）进行评价，将表7-2和表7-3中的数据重新整理后见表7-4。

表7-4		各测点有效温度差（ΔET）		（℃）
测点1	测点2	测点3	测点4	
0.4	0.1	0.4	1.1	

根据有关舒适性的实验和计算综合结果，认为 ΔET=−1.7~+1.1℃，多数人感到舒适。空气分布特性指标（ADPI）定义为满足规定风速和温度要求的测点数与总测点数之比，即 ADPI 为满足条件（−1.7℃ < ΔET<+1.1℃）的测点数与总测点数的比值。

因此，ADPI =100%。

3. 测试结果分析

（1）典型制冷日运行情况。

1）送风温度稳定，送风静压稳定，系统变频节能运行。

2）空调区域温度分布均匀，平均温度为26.8℃，温度偏差为 −0.6~+0.8℃。各测点在1个空调日内温度波动小，所有测点温度波动都保证在 ±1℃之内。

3）各点无吹风感，工作区风速低于 0.15m/s，人体感觉舒适。

4）运行安静，无末端动力噪声。

5）所有测点的 ADPI =100%，但测点4房间总体感觉偏热，其有效温度差 ΔET 为1.1℃已达到最高值。

（2）典型采暖日运行情况。

1）测试日期：2006−12−22。

2）送风机频率：26Hz。

3）室外温度：4℃。

4）新风参数：9℃/84.1%。

5）送风风量：3902m³/h。

6）室内温度：19℃±1℃。

7）送风参数：38.2℃/5%。

8）无吹风感，运行安静。

测试结果表明，对于本项目办公场所，在冬季即使采用了无再热的单风道变风量末端，气流组织较好，温度分布均匀，消除了设计之初因担心热空气上浮从而导致空气温度分层严重的顾虑。

4. 变风量低温送风系统与风机盘管系统比较分析

（1）运行能耗分析。

以下根据能耗监测系统提供的数据对五楼 A、B 区风机盘管系统和 C 区变风量低温送风系统电耗进行分析比较。

建筑平面分区及五楼空调平面布置如图 7-5、图 7-6 所示，五楼空调面积 1910m²，其中 A 区 827m²、B 区 246m²、C 区 837m²。

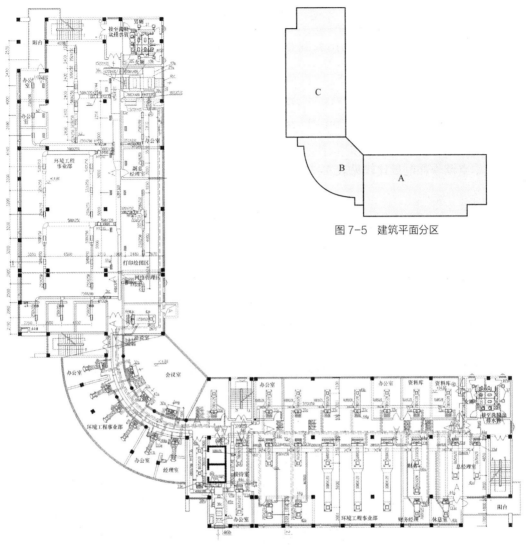

图 7-5 建筑平面分区

图 7-6 五楼空调系统平面布置图

1）基本条件见表 7-5。

表 7-5   基本条件

区域名称	面积（m²）	空调形式简述	功能	朝向
五楼 C 区	837	变风量低温送风，采用单风道型 VAV-TMN，设计送风温度 9℃，送风量 12000 m²/h	办公	东西
五楼 AB 区	1073	风机盘管 + 新风	办公	南北

2）耗电量比较。选择夏季典型空调日 8 月初的一周进行电耗比较，见表 7-6。

表 7-6 测试日电耗表

区域	8月2日	8月3日	8月4日	8月5日	8月6日	8月7日	面积（m²）	单位面积耗电（kWh/m²）
5 楼空调耗电量（kWh）	35.4	8.12	60.84	32.5	14.88	15.46	1910	0.008
5 楼 C 区耗电量（kWh）	17.85	5.18	32.37	17.82	7.6	7.17	837	0.009
5 楼 AB 区耗电量（kWh）	17.55	2.94	28.47	14.68	4.28	8.29	1073	0.008

夏季空调季耗电量比较见表 7-7。

表 7-7 夏季空调季耗电量

区域	5月	6月	7月	8月	9月	夏季总耗电	面积（m²）	夏季单位面积耗电（kWh/m²）
5 楼空调耗电量（kWh）	232.38	443.13	706.11	868.53	514.98	2765.13	1910	1.45
5 楼 C 区 VAV 耗电量（kWh）	115.57	172.85	274.22	404.39	198.45	1165.48	837	1.39
5 楼 AB 区风盘耗电量（kWh）	116.81	270.28	431.89	464.14	316.53	1599.68	1073	1.49

夏季空调 5~9 月共 5 个月，进行逐月与合计电耗量比较，如图 7-7 所示。

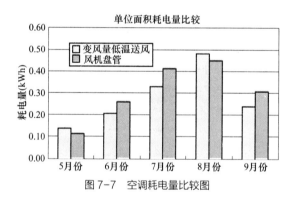

图 7-7 空调耗电量比较图

3）耗热量比较见表 7-8。

表 7-8 不同区域耗热量表

区域	累计耗热量（kWh）	面积（m²）	单位面积累积耗热量（kWh/m²）
5 楼 A 区（风盘）	142514	827	172.3
5 楼 C 区（VAV）	132227	837	158.0

注 1. A 区新风未安装热量表，因此未计量。
   2. 该耗热量为自系统开始投运的累计值。

（2）变风量低温送风系统与风机盘管系统室内舒适性分析比较见表 7-9。

表7-9　　　　　　　　　　　　不同空调方式舒适参数

比较内容	低温送风空调区域 （C区大厅）	风机盘管空调区域 （A区大厅）
室内温度（℃）	26	26
室内相对湿度（%）	50	64
工作区风速（m/s）	0.07	0.15
噪声（dB）	51.7	57.8

1）经比较，夏季空调系统在负荷最大的8月VAV系统电位面积电耗大于风盘系统，但其他月份VAV系统耗电均小于风盘，整个空调季VAV系统单位面积耗电量较风盘系统节省7%，从而反映变风量系统风量随负荷变化调节性好，系统综合效率高。以上电量分析仅为末端风机电耗，实际运行变风量低温送风系统按7℃温差设计，风盘按5℃温差设计，变风量低温送风系统水泵输送能耗小于风盘系统。

2）夏季空调系统单位面积耗热量，变风量低温送风系统较风机盘管系统节省8%。

3）变风量全空气系统气流组织好，空气品质高，噪声小，更健康舒适。

4）单位面积耗热量、耗电量，风盘系统均大于VAV系统，可能原因如下：

a）风机盘关为开关阀结合手动三速开关控制，控制精度不高。

b）没有联网控制，智能化水平低，不能统一开关机和远程设定温度，存在能源浪费情况。

c）为保证长期使用的热交换性能，风盘配置普遍偏大，造成风机能耗偏大。

7.1.4　案例小结

该系统于2006年4月调试完毕，投入运行至今，系统运行状况稳定，基本达到设计性能指标和运行要求，实现低温送风变风量空调系统舒适、节能运行。

低温送风变风量空调系统的优点显而易见，但目前应用有限，推广的最大障碍是低温冷源和关键设备（如VAV-TMN和低温风口等），前者通过冰蓄冷制冷机房可方便得到，后者则需通过产品国产化降低造价。本项目作为该先进空调系统成功应用的典范，荣获了2007年全国建筑环境与设备（暖通空调）优秀工程设计奖的三等奖，为低温送风变风量系统的推广应用起到积极作用。

7.2　珠江城大厦柔性中央空调系统设计应用

7.2.1　工程简介

珠江城大厦是中国烟草总公司广东省公司投资的经营性项目，定位为国际超甲级写字楼，并配套商务餐饮、商务会所、高级会议中心、环景大厅等功能。珠江城大厦位于广州珠江新城核心区，作为广州未来的中央商务区（CBD），代表了这个生机勃勃南方大都市的品质和尊贵（见图7-8）。

珠江城提出的"零能耗"设计理念大打"节能低碳牌"，综合运用风力发电、太阳能发电、辐射制冷结合变风量置

图7-8　珠江城大厦效果图

换通风、高性能幕墙、日光感应及人员感应控制等先进技术，是国际上首座综合运用这些技术的超高层建筑。

大楼标高 309.4m，地下 6 层、地上 71 层，总建筑面积 214355m²，其中地上建筑面积为 169243m²，地下建筑面积为 45112m²。

7.2.2 基于绝对含湿量 VAV 控制的柔性中央空调系统设计

1. 冷热源系统

工程制冷系统总装机冷负荷为 15964kW，由 3 组共 6 台 640RT 的大温差串联冷水机组制冷系统以及 2 台螺杆式热泵机组提供，冷水进出水温度为 16/6℃；大楼 59~71 层办公楼的空调总装机冷负荷为 1872kW，新风处理冷源由带全热热回收溶液除湿新风机组提供。

工程供热系统总装机热负荷为 2000kW，由 2 台 284.5RT 的螺杆式水冷热泵冷机组提供，热水进出温度为 34/39℃；大楼 59~71 层办公楼的空调总装机热负荷为 453kW，由带全热回收的风冷热泵式溶液除湿新风机组提供。

冷热源系统原理如图 7-9 所示，其主要设备如图 7-10 所示。

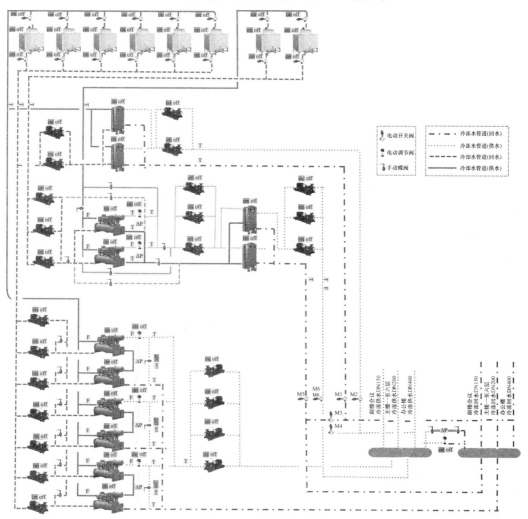

图 7-9　冷热源系统原理图

设备名称	台数	设备名称	台数
离心式冷水机组 (高温型和低温型)	×6台	开式冷却塔	×6台
乙二醇溶液冷却螺杆式热泵机组	×2台	闭式冷却塔	×2台
水泵	×24台	电动阀	若干

图 7-10　主要设备

2.干式末端系统

工程 9F-70F 办公区域的空调系统采用温、湿度独立控制的柔性空调系统。新风承担室内的全部湿负荷和部分显热负荷，其余显热负荷由冷辐射板和主动冷梁承担（见图7-11、图7-12）。本工程的空调系统分内、外区系统，外区采用主动冷梁、内区采用金属吊顶冷辐射系统，外区主动冷梁可以及时的捕获外围护结构的得热和渗透进来的热湿空气，并加以处理，确保内区冷辐射板的安全运行。

图 7-11　冷辐射板　　　　　　　　　　　　　图 7-12　主动冷梁

冷辐射空调系统房间的舒适温度通常可比传统空调高 1~2℃，这样可以降低空调冷负荷，节省能源消耗；由于冷辐射系统为自然对流和辐射传热，没有循环风机，可以节省大量的风机能耗；另外温、湿度独立控制系统使用冷冻水的品位高低分明，冷辐射板和主动冷梁的供回水温度为 16/19℃，为大温差冷冻水系统和冷冻水梯级利用系统创造了条件，大大提高了系统综合效率。

3.VAV 新风系统

工程新风采用 VAV 地板置换新风系统（见图 7-13、图 7-14），VAVTMN 的送风量由房间绝对含湿量确定。另外采用压力控制的排气系统，控制房间的正压。

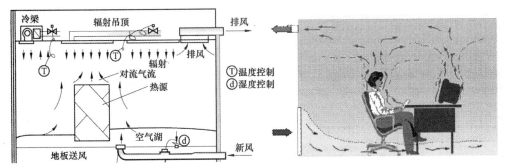

图 7-13　VAV 地板置换新风系统示意图

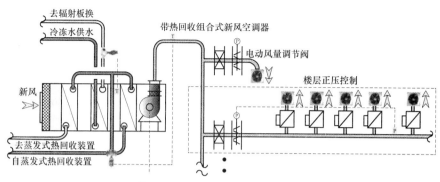

图 7-14　VAV 新风系统控制原理图

　　VAV 新风系统采用双级静压控制策略。第一级：楼层变风量控制，根据新风 VAV 阀门开度调节楼层电动风阀开度（变静压控制策略）；第二级：新风机组变频控制，根据新风管静压变化调节新风机组风机频率（定静压控制策略）。如图 7-15、图 7-16 所示。

7.2.3　空调系统运行测试

　　广州建设工程质量安全检测中心有限公司，于 2013 年 9 月 2 日至 9 月 7 日，对珠江城项目进行检测，并出具《珠江城基于绝对湿度控制的冷辐射空调系统测试报告》。

　　检测依据：GB 50411—2007《建筑节能工程施工质量验收规范》；DBJ 15-65—2009《广东省建筑节能工程施工质量验收规范》；GB 50189—2005《公共建筑节能设计标准》；DBJ 15-51—2007《〈公共建筑节能设计标准〉广东省实施细则》；GB 50243—2002《通

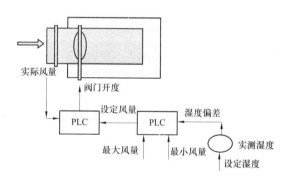

图 7-15　新风压力无关 VAV 湿度控制模式

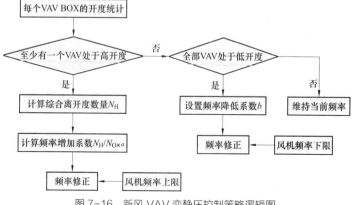

图 7-16　新风 VAV 变静压控制策略逻辑图

风与空调工程施工质量验收规范》；项目相关技术资料（设计图样等）。

项目测试阶段只有11~13楼投入使用，因此选定13层作为测试楼层。测试过程中将14~22层和9~10层的各层新风支管上的定风量调节阀的风量值设定为额定风量的30%，11~13层按原设计运行。

7.2.3.1 新风对房间含湿量控制的稳定性测试

当室内湿度发生变化时，测试VAV风量控制室内绝对含湿量的稳定性。

先将房间湿度处理到7.8g/kg以下，当室内人员密度发生变化时，室内湿负荷也发生相应变化。开启VAV并将室内绝对含湿量设定为7.8g/kg，观察并记录房间温湿度变化、VAV阀门开度以及风量变化情况。

下午14：20，观测房间内无人，此时温度为24.4℃，含湿量为7.4g/kg。14：30房间内陆续有人进入，房间湿负荷升高，15：30以后室内人员陆续走出房间，房间湿负荷降低，检测这段时间内房间温、湿度的变化情况；通过电脑终端观察各新风TMN的阀位状态，整理于图7-17。

图7-17显示：在房间湿负荷升高又降低的变化过程中，房间的干球温度和绝对含湿量基本保持恒定，房间含湿量一直保持在设定值7.8g/kg以下，达到了恒温恒湿的设计要求。

从图7-17、图7-18可以看出，当房间人员增多导致湿负荷升高后，房间含湿量有上升趋势，此时新风TMN及时响应，增大阀位开度，新风量随之增大，很好地稳定了

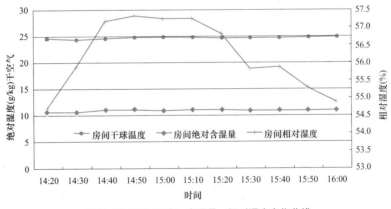

图7-17 房间温度、含湿量、相对湿度变化曲线

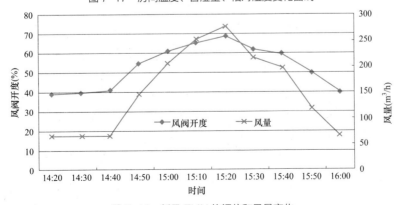

图7-18 新风TMN的阀位和风量变化

127

室内的绝对含湿量，使得室内含湿量一直保持在 7.8g/kg 左右；当 15：30 房间内的人员陆续走出房间后，房间湿负荷变小，TMN 阀位和新风量也相应的减小了。

7.2.3.2 VAV-TMN 风量测试

于 9 月 22~26 日，对 13 层的 1 号 ~35 号 VAV-TMN 风量进行时间间隔为 1h 的测试，表 7-10 为 1 号 ~6 号 TMN9 月 22 日的测试数据；图 7-19 为 1 号、2 号、4 号、6 号 TMN 9 月 22~26 日的测试数据。

表 7-10			1 号 ~6 号 VAV-TMN 风量（9 月 22 日）				
时间	TMN1 号（m³/h）	TMN2 号（m³/h）	TMN3 号（m³/h）	TMN4 号（m³/h）	TMN5 号（m³/h）	TMN6 号（m³/h）	TMN7 号（m³/h）
08：25	212	50	224	52	211	48	196
09：25	182	52	190	52	193	50	179
10：25	50	50	50	49	51	51	50
11：25	50	51	51	48	48	50	48
12：25	51	50	52	51	49	49	47
13：25	52	49	51	52	51	51	51
14：25	49	49	49	49	49	50	52
15：25	49	51	49	51	49	51	50
16：25	50	52	50	49	52	51	51
17：25	51	51	53	52	47	48	46

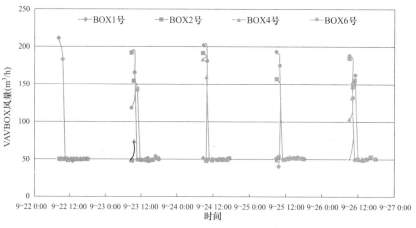

图 7-19　1 号、2 号、4 号、6 号 VAV-TMN 风量（9 月 22~26 日）

从以上测试结果可以看出，在白天刚打开空调时，由于湿负荷较大，新风量根据除湿需求而定，此时新风量为全天最大值，随着新风机组的运行，房间湿负荷逐渐降低，新风量降低，维持在最小新风量上下运行。

7.2.3.3 新风机组频率测试

于 9 月 22~26 日，对 4 台新风机组的风机频率及 13 层 VAV 总新风量进行时间间隔为 1h 的测试，表 7-11 为 9 月 22 日的测试数据；图 7-20 为 9 月 22~26 日的测试结果。

时间	PAUR23-1 频率（Hz）	PAUR23-2 频率（Hz）	PAUR23-3 频率（Hz）	PAUR23-4 频率（Hz）	13层 VAV 总新风量 （m³/h）
08:25	22.3	22.3	21.3	21.3	6676
09:25	20.3	20.2	21.3	20.3	5779
10:25	17.2	18.2	20.3	17.2	2302
11:25	17.2	17.2	20.3	17.2	2345
12:25	17.2	17.2	20.3	17.2	2317
13:25	18.3	17.2	20.3	17.2	2345
14:25	17.2	17.2	20.3	17.2	2328
15:25	17.2	17.2	20.3	17.2	2313
16:25	17.2	17.2	20.3	17.2	2333
17:25	17.2	17.2	20.3	17.2	2296

表 7-11　　　　　　　新风机组风机频率及 13 层总新风量（9 月 22 日）

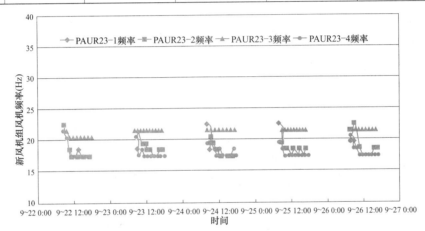

图 7-20　新风机组频率变化（9 月 22~26 日）

从以上测试结果可以看出：由于该办公楼只有 11~13 楼投入使用，14~22 层和 9~10 层的各层新风量值设定为额定风量的 30%，在整个测试期间风机频率一直在 17.2~22.3 Hz 之间变化；白天刚开起新风机组时，房间湿负荷较大，风机频率相对较高，随着新风机组运行时间的推移，风机频率逐渐降低，直至稳定在一个频率下运行。

因此，新风机组风机变频控制实现了按需控制新风量、降低风机能耗的目的。

7.2.3.4　新风除湿过程测试

对除湿新风系统的新风状态进行测试，整理得夏季新风的除湿处理过程如图 7-21 所示。室外高温、高湿气体经新风机组内置的带热回收热泵预冷除湿后，由新风机组内冷盘管进一步降温除湿后，利用内置热泵的热回收加热升温后，达到送风状态送入室内，承担房间全部湿负荷与部分冷负荷。

7.2.3.5　空调房间热舒适性验证测试

工程 VAV 系统运行效果较优，空调房间温度和湿度均能满足舒适性需求，尤其对于 9~70F 采用温湿度独立控制系统的办公区域，房间湿度可准确控制在限定值以下，房间干球温度可控制在设定值上下 0.3℃范围内。图 7-22 为 13 层办公区域各房间参数的控制界面截图，表 7-12 为测试房间白天空调时间内温、湿度数据。

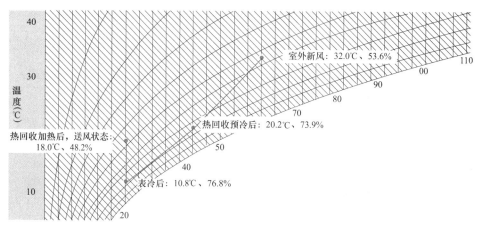

图 7-21 实测新风机的新风处理过程

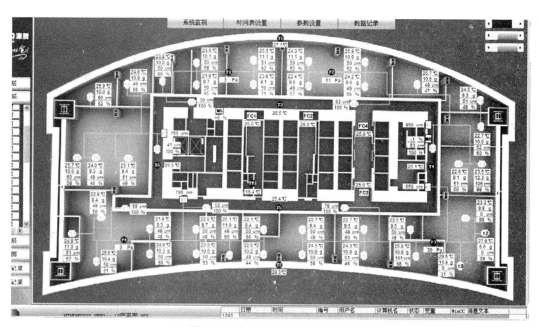

图 7-22 大楼 13 层控制界面截图

表 7-12 测试房间温、湿度数据表

时间	室外干球温度（℃）	室外湿度（%）	室内干球温度（℃）	干球温度设定值（℃）	室内湿度（%）	绝对含湿量（g/kg）	绝对含湿量设定限值（g/kg）
08：21	29.8	74.3	25.9	26	58.6	11.7	12
09：21	30.3	72.3	25.9	26	60.6	11.7	12
10：21	31.6	66.4	26.1	26	56.3	11.6	12
11：21	32.9	63.5	26.3	26	54.7	11.5	12
12：21	32.5	61.8	25.8	26	54.8	11	12
13：21	32.6	61.8	25.9	26	54.1	7.7	12
14：21	33	57.6	25.7	26	53.8	7.5	12
15：21	32.8	57	25.8	26	52.5	7.8	12
16：21	32.7	55.1	25.7	26	52.8	7.5	12

由表 7-12 可看出，测试房间的设定绝对含湿量上限为 12g/kg 干空气，实际室内绝对含湿量在 7.5~11.7g/kg 之间，均未超过设定上限值；室内干球温度设定值为 26℃，实测室内干球温度全天在 25.7~26.3℃之间波动，即干球温度在设定值 ±0.3℃ 范围内波动。

7.2.4 案例小结

珠江城办公楼空调系统采用温湿度独立控制空调方式，利用冷辐射板（内区房间）和主动冷梁（外区房间）控制房间温度、VAV 新风系统控制房间绝对含湿量，实现了冷冻水的大温差、梯级利用，大大提高系统能效。

经测试，结果表明：

（1）在房间人员负荷波动的情况下，房间湿度可准确控制在限定值以下，房间干球温度可控制在设定值上下 0.3℃ 范围内。

（2）采用新风控制房间绝对含湿量的控制模式，可真正实现需求化通风，降低新风负荷。

（3）新风机采用压力控制变频系统，降低新风冷却除湿能耗的同时减少风机的运行能耗。

（4）新风机组可完全承担房间湿负荷，除湿过程中利用余热回收对新风进行再热，降低除湿能耗。

本工程采用的柔性中央空调系统可将空调房间温、湿度稳定控制在舒适范围内，同时具有非常显著的节能效果。

7.3 武汉建设大厦变风量空调设计应用

7.3.1 项目概况

1. 工程概况

武汉建设大厦位于武汉市常青路，是在原有旧商业建筑的基础上改造建成，如图 7-23 所示。该建筑共 6 层，建筑高度 23.9m，其中地下 1 层，建筑面积 4221.6m²，主要

图 7-23 武汉建设大厦实景照

功能为车库和设备用房，地上5层，建筑面积20127.6m²，主要功能为办公、多功能厅、会议、接待等。

2. 设计基本参数

室外空气计算参数见表7-13。

表7-13　　　　　　　　　　　　　　　室外空气计算参数

季节	夏季	冬季
空气调节室外计算干球温度（℃）	35.2	-5
空气调节室外计算湿球温度（℃）	28.2	3
空气调节室外计算相对湿度（℃）	—	76
通风室外计算干球温度（℃）	33	—
室外平均风速（m/s）	2.6	2.7
大气压（MPa）	100.17	102.33

3. 总负荷及负荷指标

武汉建设大厦负荷指标见表7-14。

表7-14　　　　　　　　　　　　武汉建设大厦负荷指标

建筑物类型	夏季空调面积冷指标（W/m²）	冬季空调面积热指标（W/m²）	建筑面积（m²）	空调面积（m²）	夏季冷负荷（kW）	冬季热负荷（kW）
办公	176	—	20127.6	13920	2450	1050
地下室	—	—	4221.35	—	—	—

7.3.2　系统设计方案

1. 系统冷热源

根据设计院及业主提供的相关资料，本大楼夏季最大冷负荷为2450kW，冬季热负荷为1050kW，该工程为改造工程，应充分利用原有设备，并结合负荷情况对大楼冷热源系统进行设计。冷冻水改为一次泵变流量系统，冷冻水泵变频运行，适应负荷变化的需要；冷却水系统根据回水温度调节冷却塔运行台数，达到节能的目的；电热水锅炉设计气候补偿装置，根据室外温度变化调整工作温度，避免室外过热。冷冻水系统设置分区计量装置。除了集中空调系统外，一层夹层及五层的高级办公室采用变频多联机空调系统；一层信息机房、收发室、控制室、保安室、信访室等等采用分体空调。

2. 变风量系统的设计

本大楼一层大堂及公共办公区采用全空气定风量空调系统，设计送风温度为13.5℃，气流组织形式为上送下回，过渡季节可以全新风运行。多功能厅单独设置全空气系统，采用旋流风口。2~5 层采用变风量空调系统，末端为单风道型变风量末端，每个变风量末端在相应的位置设置温度感应器及控制器，可以根据室内的温度设定及负荷情况调节变风量末端的阀片开度，进而调节送风量，使室内达到最佳舒适度。1 层、夹层周边功能房间及 5 层高级办公室采用 VRV 多联机空调系统。1 层及夹层新风采用换气处理后送到各空调房间，同时排气。5 层高级办公室新风采用 MALIN'O 双向流系统。室外机主要设置在 1 层室外地面、2 层阳台以及屋顶。

（1）系统分区。本大楼楼体中央 1~5 层为中庭，每层楼面中的房间围绕中庭分布，根据装修设计，大楼每个楼面的房间均分为内区房间和外区房间两种类型，内外区房间通过走廊相隔。本设计中针对不同分区的空调负荷特征，分别设计了相应的变风量空调系统（见图 7-24）。

（2）设备选型。项目共有 16 套系统，一楼两套系统为定风量系统，其他系统为变风量系统，空气处理机组采用原有设备，设备参数见表 7-15。

表 7-15　　　　　　　　　　空气处理机组选型表

序号	系统编号	服务区域	总风量（m³/h）	冷量（kW）	送风温度（℃）	电动机功率（kW）	TMN 台数（台）	备注
1	K-5-03	1F	25000	190.5	13.5	4kW×2		
2	K-1-02	1F	35000	279.19	13.5	4kW×3		
3	K-2-01	2F	11666	93.06	13.5	4kW	11	变频运行
4	K-2-02	2F	30000	232.97	13.5	4kW×3	14	变频运行
5	K-2-03	2F	30000	232.97	13.5	4kW×3	11	变频运行
6	K-2-04	2F	23332	186.12	13.5	4kW×2	10	变频运行
7	K-3-01	3F	20000	232.97	13.5	4kW×2	13	变频运行
8	K-3-02	3F	25000	190.5	13.5	4kW×2	23	变频运行
9	K-3-03	3F	25000	190.5	13.5	4kW×2	11	变频运行
10	K-3-04	3F	20000	232.97	13.5	4kW×2	11	变频运行
11	K-4-01	4F	20000	232.97	13.5	4kW×2	15	变频运行
12	K-4-02	4F	25000	190.5	13.5	4kW×2	16	变频运行
13	K-4-03	4F	25000	190.5	13.5	4kW×2	11	变频运行
14	K-4-04	4F	20000	232.97	13.5	4kW×2	13	变频运行
15	K-5-02	5F	25000	190.5	13.5	4kW×2	18	变频运行
16	K-5-04	5F	25000	190.5	13.5	4kW×2	15	变频运行

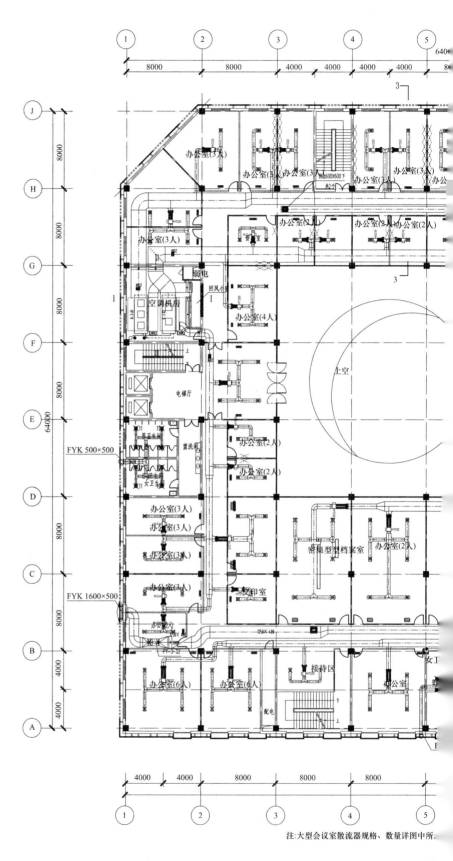

注:大型会议室散流器规格、数量详图中所

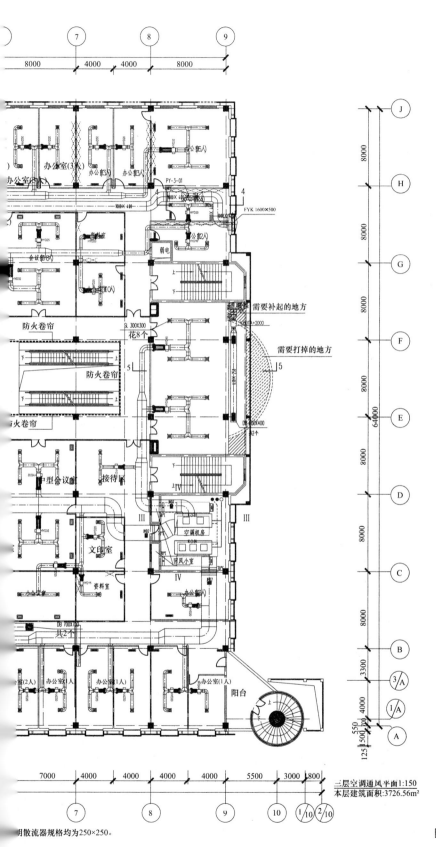

图 7-24　典型楼层平面图

三层空调通风平面1:150
本层建筑面积:3726.56m²

明散流器规格均为250×250。

图 7-25 RVC 型 VAV 控制器

本设计中所有的变风量末端装置均选用单风道型无动力设备，参考图 7-1（a）。系统运行时，由空调机组送出的一次风，经单风道型变风量末端内置的风阀调节后送入空调区域。另外，考虑到在办公场所应用，设计吊顶高度不高，同时为简化系统，采用了无再热器的冷热型单风道变风量末端。

每个变风量末端装置搭载的风阀控制器选用源牌 RVC 型 VAV 控制器，如图 7-25 所示，该控制器采用 32 位 ARM 智能处理器，支持多种国际标准通信协议；支持 433MHz 无线通信，具备自组网络功能；并且通过硬件和软件两方面提高了控制器的抗干扰性，在本项目的后期的调试及运行中本控制器的优异性能起到了至关重要的作用。

7.3.3 变风量系统的控制

变风量系统送入房间的风量以及系统总送风量会随着各空调区域负荷的变化而变化，所以系统对控制的要求相对也比较高。本系统采用变静压控制结合变送风温度控制的联合控制方法，使系统运行在可靠稳定的基础上，更具有节能性和经济性。此控制策略主要由以下几个控制逻辑：

（1）静压控制。在送风管上设置的静压传感器，根据设定静压值与实测值的偏差来变频调节送风机的转数，同时根据各个 VAV 的阀位开度以改变静压设定值，兼顾稳定和节能运行。

（2）送风温度控制。根据设定送风温度与实测值的偏差调节电动冷 / 热水阀的开度，同时根据各 VAV 的阀位开度以改变系统送风温度，提高空调系统运行的经济性。

（3）新风控制。在新风管上设置的风速传感器，空调运行季根据最小设定新风量值与实测值的偏差以调节新风阀和回风阀的开度；过渡季采用全新风运行。

（4）开关机控制。根据需求可利用时间表来实现定时开关机。

（5）报警功能。当出现过滤网阻塞、风机故障、传感器故障等情况时能及时判断，切断电源或报警提醒。

自控系统具有友好的工作界面和强大的数据存储功能，如图 7-26 所示。

7.3.4 系统运行及测试情况

工程于 2012 年 6 月安装调试完毕，随后中国建筑科学研究院建筑能源与环境检测中心（国家空调设备质量监督检验中心）对大楼的变风量空调系统的运行情况做了全面的测试，主要检测内容包括室内温度、室内噪声、空调系统耗电量、系统静压控制、系统送风温度控制以及自控软件的运行情况。

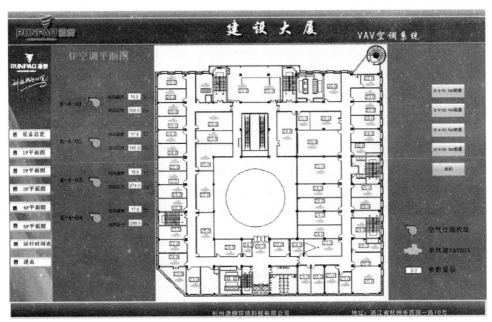

图 7-26　控制界面

1.测试条件

选取其中一个典型制冷运行日的记录数据进行分析,以评价变风量系统的性能指标。测试日期为 2012 年 8 月 22~23 日,空调机组设定送风温度为 13.5℃。

2.测试结果与分析

室内温度控制测试如下。

(1)选择典型房间,测试其在一段时间内温度设定值和实测值之间的偏差,判断系统对房间温度控制的稳定性和精确性(见表 7-16)。

表 7-16　　　　　　　　　　　　房间温度记录表

时间	房间 1				房间 2			
	设定温度 (℃)	实测温度 (℃)	房间湿度 (%)	温度偏差 (℃)	设定温度 (℃)	实测温度 (℃)	房间湿度 (%)	温度偏差 (℃)
11:00	25	24.9	53	0.1	26	25.8	61	0.2
11:10	25	25	54	0	26	25.9	60	0.1
11:20	25	25.2	56	−0.2	26	26	60	0
11:30	25	25.3	57	−0.3	26	26.1	60	−0.1
11:40	25	25.3	57	−0.3	26	26.2	60	−0.2
11:50	25	25.4	57	−0.4	26	26.2	58	−0.2
12:00	25	25.3	55	−0.3	26	26.1	58	−0.1
12:10	25	25.1	53	−0.1	26	26.1	57	−0.1
12:20	25	25	52	0	26	26.1	57	−0.1

时间	房间 1				房间 2			
	设定温度（℃）	实测温度（℃）	房间湿度（%）	温度偏差（℃）	设定温度（℃）	实测温度（℃）	房间湿度（%）	温度偏差（℃）
12:30	25	25	54	0	26	26	57	0
12:40	25	25.1	54	-0.1	26	26	57	0
12:50	25	25.1	54	-0.1	26	26	56	0
13:00	25	25.1	53	-0.1	26	26	56	0

（2）选取任意房间，改变房间设定温度，测试系统对房间温度控制的响应速度，测试数据见表 7-17。

表 7-17　　　　　　　　　　　房间温度调节记录表

时间	设定温度（℃）	送风量（m³/h）	实测温度（℃）	备注
11:30	24	303	24.2	
11:35	20	2782	23	
11:40	20	2795	22.1	
11:45	20	2776	21.3	
11:50	20	2800	20.8	将设定温度由 24℃改为 20℃
11:55	20	2771	20.4	
12:00	20	2804	20.3	
12:05	20	2782	20.3	
12:10	20	2782	20.1	
12:15	20	2800	20.1	

3. 室内噪声测试

通过对多个测点的噪声测试，来评测整个系统在正常运行情况下的噪声水平，检测结果见表 7-18。

表 7-18　　　　　　　　　　　室内噪声检测结果

测点	测点 1	测点 2	测点 3	测点 4
噪声 [dB（A）]	42.7~43.0	41.0~44.0	40.6~43.6	42.6~43.0
本底噪声 [dB（A）]	40.6			

4. 系统能耗测试

抽取其中一个系统，测试其 4h 内的耗电量，并计算单位面积耗电量，检测结果见表 7-19。

表 7-19　　　　　　　　　　　　空调系统电量检测表

空气处理机组功率（kW）	时间	耗电量（kWh）	系统服务空调面积（m²）	单位空调面积耗电量（kWh/m²）
8	11:00~15:00	5.158	680	0.0076

5. 系统静压控制验证测试

在"变静压模式"下运行时，观测系统能否根据室内负荷的变化自动调节静压。本次测试与温度控制测试同时进行。测试结果见表 7-20。

表 7-20　　　　　　　　　　　系统静压控制情况（变静压模式）

时间	实测静压值（Pa）	风机频率（Hz）	备注
11:00	95	33	
11:05	101	34	
11:10	106	35	
11:15	112	35	
11:20	117	37	
11:25	114	37	
11:30	118	38	
11:35	117	38	
11:40	117	38	
11:45	117	37	
11:50	118	37	
11:55	116	37	（1）如表 7-16 所示，检测期间房间内温度控制稳定，偏差在 1℃之内。
12:00	115	37	（2）在测试期间，系统自动调整静压值，调整范围为 87~118Pa
12:05	113	35	
12:10	107	35	
12:15	103	34	
12:20	97	34	
12:25	93	32	
12:30	87	32	
12:35	93	33	
12:40	98	34	
12:45	104	34	
12:50	95	33	
12:55	101	34	
13:00	106	35	

6. 系统温度控制验证测试

在"变静压模式"下，记录系统送风温度，测试送风温度控制的稳定性；调节送风温度设定值，测试系统送风温度控制的响应速度。测试结果见表7-21。

表7-21　　　　　　　　　系统送风温度控制情况（变静压模式）

时间	实测系统静压（Pa）	送风温度设定值（℃）	水阀开度（%）	送风温度实测值（℃）	备注
10:25	95	20	38	19.1	
10:30	91	20	36	19.7	
10:35	90	20	38	20.3	
10:40	90	20	41	20.4	
10:45	90	20	43	20.1	变静压模式下，系统稳定运行45min，温度控制偏差保持在±1℃内
10:50	92	20	42	20	
10:55	80	20	37	19.3	
11:00	74	20	33	19.5	
11:05	75	20	36	20.1	
11:10	75	20	37	20.3	
11:11	75	16	53	20.2	改变送风温度设定值，系统立刻开始调节水阀开度
11:15	75	16	57	118.4	—
11:20	75	16	62	17	—
11:25	75	16	65	16.7	—
11:30	75	16	67	16.5	—
11:35	75	16	71	16.5	—
11:40	75	16	74	16.5	—
11:45	75	16	74	16.3	—
11:50	75	16	76	16.2	—
11:55	75	16	76	16.2	—
12:00	75	16	77	16.1	—
12:05	75	16	78	16.1	—

7. 测试小结

（1）本系统对房间温度的控制非常精确，被检测房间室内温度实测值与设定值之间的偏差在±1℃之内。同时当设定温度改变时，系统风量自动响应变化，并能够快速调整，保证室温的精确控制，确保了室内环境的舒适性。

（2）系统运行期间，噪声均低于45dB，营造了良好的办公环境。

（3）在"变静压运行"模式下，系统静压能够根据负荷的变化作出合理精确的调整，系统节能效果明显，单位空调面积分机电耗为 0.0076kWh/m²；同时，送风温度控制稳定，且调节响应及时。

（4）整个系统在测试期间运行稳定，各项数据表面系统性能优良，且大幅降低了运行能耗，为用户营造了一个舒适环保的工作环境。

8. 系统存在问题及分析

部分负荷情况下，存在部分房间过冷现象，查看 VAV-TMN 的工作状态，均已工作在最小风量下，空调风机的频率也较低（≤ 35Hz），VAV-TMN 控制参数见表 7-22。

表 7-22　　　　　　　　　　　　　VAV-TMN 控制参数

VAV 编号	参数名称	参数显示	VAV 编号	参数名称	参数显示
VAV1	设定温度	26.0	VAV9	设定温度	26.0
	室内温度	23.0		室内温度	23.0
	送风风量	829.0		送风风量	529.0
	最大风量	2785.0		最大风量	1750.0
	最小风量	836.0		最小风量	525.0
	制冷加热模式	0.0		制冷加热模式	0.0
	阀位反馈	33.0		阀位反馈	24.0
VAV2	设定温度	26.0	VAV10	设定温度	26.0
	室内温度	25.0		室内温度	24.0
	送风风量	333.0		送风风量	336.0
	最大风量	1120.0		最大风量	1120.0
	最小风量	336.0		最小风量	336.0
	制冷加热模式	0.0		制冷加热模式	0.0
	阀位反馈	35.0		阀位反馈	52.0

由表 7-22 可以看出，虽然 VAV-TMN 已经在最小送风工况下运行，室内温度仍然很低。分析原因可能有两方面造成：

（1）这几个房间 VAV-TMN 选型偏大，需要重新计算最小需求风量，调整最小风量设定值。

（2）送风温度设定值不能满足过渡季空调负荷特点，需要适当提高送风温度设定值。

经分析后，发现是需要对送风温度进行重置，于是更改程序，判断当有一定数量房间实测温度比设定温度低 ΔT_1℃，并持续一定时间，同时判断该房间 VAV-TMN 风量已经达到设定风量下限时，则调高空调机组送风温度 ΔT_2℃。问题最终得到解决。

7.3.5　案例小结

武汉建设大厦作为武汉市建设相关政府单位的办公大楼，旨在建设成为一个"低碳，节能，环保"的绿色建筑。而因地制宜的采用了 VAV 变风量空调系统，正好契合了这

一要求。从设计之初就秉持资源节约、低碳节能的原则，最大限度地利用了原有设备，从源头上避免了资源浪费。在项目实施过程中，选用了合理的硬件架构，创新的提出了RVC、RVT等先进的控制策略，不仅保证了空调系统可靠稳定的运行，还大幅降低了系统的运行能耗。整个改造工程高效地利用了资源（节能、节材），是科学合理节能减排的典范，并获得了"绿色三星认证"和国家绿色建筑创新的多个奖项，为变风量系统的应用推广起到了非常积极的作用。

7.4 浙江省丽水电力调度中心变风量空调改造设计

7.4.1 项目概况

浙江省丽水电力调度中心（以下简称丽水电调）附楼原为酒店，现改作办公大楼及员工食堂。总建筑面积约为10000m²，其中一楼主要为展示厅以及办公室，二楼为员工食堂以及宴会包厢、休闲餐厅等，三楼为企业文化展示中心、会议室、多功能厅以及招待室和休息室（见图7-27）。

图7-27 丽水电调效果图

7.4.2 空调系统设计方案

1. 空调系统设计

丽水电调附楼项目原系统采用的是风机盘管系统，随着功能需求的改变，空调系统也随之改变，由于使用功能改变，将其改造为变风量空调系统，每个功能区域内的温度由一套压力无关单风道型VAV-TMN来控制，送风方式为低温风口顶送，回风方式为吊顶回风。应业主要求，尽量利用原系统设备，因此采用了原来已有但没有投用的空气处理机组。图7-28为一楼风系统平面图。

根据业主对使用功能的要求，改造单位制定了项目改造技术方案，重点内容包括：

（1）根据使用功能区域增设VAV-TMN以及对风管系统重新布置规划。

（2）所有的VAV-TMN均为单风道型VAV-TMN，采用源牌RVC系列产品。

（3）原系统常规散流器改为射流诱导型低温风口，采用源牌SL系列产品。

（4）控制系统采用源牌RPC5600中央空调智慧控制技术，系统采用变静压方式控制。

2. 设计参数

室外计算参数如下：

（1）夏季空调室外计算干球温度36.4℃，夏季空调室外计算湿球温度27.7℃。

（2）冬季空调室外计算平均温度–3℃，冬季室外计算相对湿度76%。

（3）室内设计参数：温度26℃，湿度60%。

（4）空调送风温度9℃。

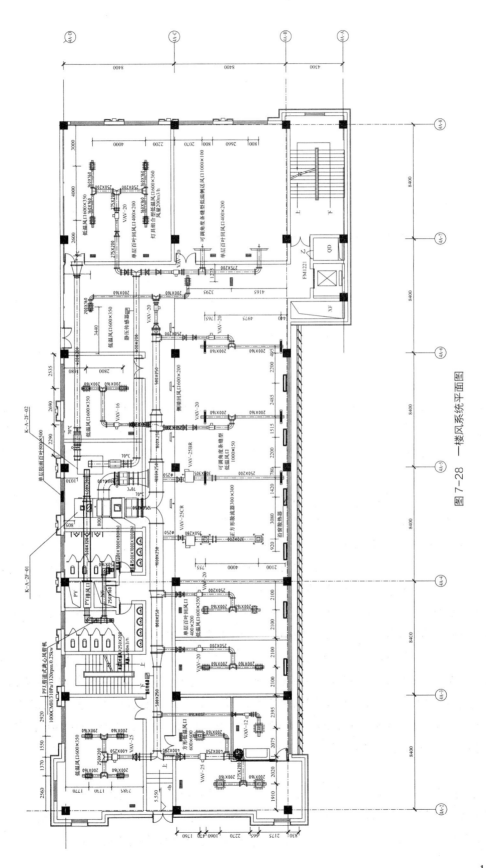

图7-28 一楼风系统平面图

143

主要设备清单见表 7-23。

表 7-23   主要设备清单

名称	设备参数	数量
空调机组	风量 40233m³/h，出口静压 500Pa，制冷量 578kW，功率 18.5kW，制热量 318kW	1
空调机组	风量 17493m³/h，出口静压 350Pa，制冷量 105kW，功率 7.5kW，制热量 69kW	1
空调机组	风量 20455m³/h，出口静压 450Pa，制冷量 271kW，功率 11kW，制热量 137kW	1
空调机组	风量 29912m³/h，出口静压 450Pa，制冷量 343kW，功率 15kW，制热量 200kW	1
空调机组	风量 26221m³/h，出口静压 450Pa，制冷量 262kW，功率 15kW，制热量 132kW	1
空调机组	风量 27716m³/h，出口静压 450Pa，制冷量 235kW，功率 15kW，制热量 140kW	1
单风道 VAVTMN	最小风量 525m³/h，最大风量 1750m³/h	23
单风道 VAVTMN	最小风量 836m³/h，最大风量 2785m³/h	12
单风道 VAVTMN	最小风量 1350m³/h，最大风量 4500m³/h	15

3. 控制系统设计

控制系统全面采用源牌 RPC5600 变风量智慧控制技术，主要包括：①室内温度控制；②系统变风量控制；③送风温度控制；④室内空气品质控制；⑤系统连锁控制等。为进一步验证系统变风量控制的效果，系统风量控制可以实现三种模式，即定静压控制、变静压控制和可变静压控制模式。

定静压控制：房间风量由 VAV-TMN 根据室内温度与实测温度偏差进行调节，根据系统静压值设定值与实测值的偏差进行风机变频调节。采用定静压控制方式时，单个 VAV-TMN 的故障不会对系统产生特别大的影响。

变静压控制：根据系统中 VAV-TMN 风阀开度和数量对风机频率进行调节，以达到最佳稳定状态；控制度目标是使系统中所有的风阀均工作在高开度下，减少节流损失，降低风机能耗。系统中每一个 VAV-TMN 的状态都参与到整个控制系统中，如果其中的 VAV-TMN 发生问题或故障，则需要在控制系统中进行修正。

可变静压控制：根据系统静压值设定值与实测值的偏差进行风机变频调节。同时结合系统中 VAV-TMN 阀位的开度和数量对静压设定值进行调整，以达到最佳稳定状态；控制度目标是使系统中所有的风阀均工作在高开度下，减少节流损失，降低风机能耗。系统中每一个 VAV-TMN 的状态都参与到整个控制系统中，如果其中的 VAV-TMN 发生问题或故障，则需要在控制系统中进行修正。

7.4.3 系统运行及测试情况

系统改造后调试运行了一段时间，各方面目标均达到了设计要求，并且为验证变风量控制效果，特别对两种控制方式，即定静压与变静压运行数据进行了对比分析，可看出在变静压控制方式比定静压方式节能 20%~30%（空气处理机组风机能耗）。

表 7-24 　　　　　　　　　　　　　　　变风量运行数据

时间		静压控制方式	静压设定值（Pa）	平均送风温度（℃）	耗电量（kWh）	天气状况	气温（℃）	风向
8月5日	星期一	定静压	370	11.4	93	多云/晴	41/27	无持续风向 ≤3级/无持续风向 ≤3级
8月6日	星期二	定静压	370	11.5	85	多云/晴	41/27	无持续风向 ≤3级/无持续风向 ≤3级
8月7日	星期三	定静压	370	11.5	80	晴/晴	42/28	无持续风向 ≤3级/无持续风向 ≤3级
8月8日	星期四	变静压	—	11.2	64	多云/晴	41/27	无持续风向 ≤3级/无持续风向 ≤3级

表 7-25 　　　　　　　　　　　　　　　房间温度对比 　　　　　　　　　　　　　（℃）

温控器编号 \ 时间	2013-08-06 10:00:00	2013-08-07 10:00:00	2013-08-08 10:00:00
1号	25	25	25
2号	25	25	25
3号	25	25	25
4号	25	25	25
5号	23	23	22
6号	24	24	24
7号	25	25	25
8号	22	23	23
9号	25	25	25
10号	24	24	24
11号	24	24	23
12号	23	23	23
13号	25	25	24
14号	24	24	24
15号	25	25	25
16号	24	24	24
17号	25	25	24
18号	25	25	25
19号	25	24	25
20号	25	25	25

　　说明：8月5~8日室外气温条件基本相同，可以作为类比，由于周末没有供冷，8月5日星期一的负荷比其他时间要大，所以相同的运行方式，星期一的耗电量要比星期二和星期三的电量要多一些；排除星期一的数据，对星期二至星期四的数据进行对比；

即 8 月 6~8 日，8 月 6~7 日为定静压控制方式，每日平均耗电量为 82.5kWh，8 月 8 日为变静压控制方式，耗电量 64kWh，可看出相比定静压控制方式，变静压要比定静压节能 23%。

7.4.4 系统存在问题及分析

系统调试运行的过程中也出现了一些问题。

采用变静压，某一房间设置温度偏低，比如某个房间设置温度为 20℃，为了达到这个温度，该房间 VAV-TMN 阀位会达到 100%，如果送风量还是不足，则按照控制策略，空气处理机组的频率会上调，若风机频率达到上限时风量都没有达到需求风量，系统会按照最高频率运行；这时候系统按变静压控制方式运行的能耗将会大于按定静压方式运行的能耗；当风管设计水力不平衡率大时，将使这种情况更为明显，可能会出现一些不利环路的 VAV-TMN 阀位即使达到 100%，房间实际风量还是始终达不到需求风量的情况；而这种个别情况对定静压方式产生的影响却很小。

变静压控制方式和可变静压控制方式对设备的稳定性也有一定的要求，若 VAV-TMN 在运行过程中出现故障（比如 VAV-TMN 控制失效阀位固定不变的情况），如果在这时控制系统又没有得到这个故障信息，则整个控制方向都将可能不一样，丽水电调 7 月 30 日就出现了这种情况，导致变静压耗电量比定静压的要高，见表 7-26。

表 7-26 变风量运行数据

时间		静压控制方式	静压设定值（Pa）	平均送风温度（℃）	耗电量（kWh）	天气状况	气温（℃）	风向
7 月 30 日	星期二	变静压	—	11.5	128	多云 / 多云	40/26	无持续风向 ≤ 3 级 / 无持续风向 ≤ 3 级
7 月 31 日	星期三	定静压	370	11.2	77	多云 / 晴	40/27	无持续风向 ≤ 3 级 / 无持续风向 ≤ 3 级

表 7-26 中变静压运行方式一天的耗电量比定静压运行方式一天的耗电量还要多 66%。经过后期对 VAV-TMN 设备的调整和改进，避免了这种情况的再次出现，系统运行更加稳定可靠。

7.4.5 案例小结

在变风量整个系统的实施过程中，系统设计非常重要，直接决定了整个工程的质量，系统设计不好，水力失调率高，调试的难度将会大大增加，即使设置了平衡调节阀，也很难调到一个比较平衡的状态，而多数工程即使设置了平衡调节阀也很少有人会去用，因为通过手动调节阀调节风管平衡是非常繁杂的。而系统的运行控制策略也决定了系统设备制造、系统设计、系统安装和系统调试运行，每个环节都很重要，每个过程的问题都会累积下来，越到后面越严重，所以每个过程都必须重视起来。

总的来说，变风量系统要比定风量系统要节能，变静压方式要比定静压方式节能，经过丽水电调运行数据的对比，变静压方式要比定静压方式节能约 20%~30%（空气处理机组风机部分耗能）。

7.5　江西日报社变风量空调设计应用

7.5.1　项目概况

江西日报社传媒大厦总建筑面积：64918m²，空调面积为49240m²，地下2层，地上25层，建筑高度98m，为一类高层建筑；其耐火等级为地上一级，地下一级；大楼1～25层设舒适性中央空调（见图7-29）。

图7-29　江西日报传媒大厦

7.5.2　空调系统设计

1. 空调系统设计参数

室外气象设计计算参数如下。

夏季：空调干球温度为35.6℃，空调湿球温度为27.9℃，空调日平均干球温度为32.1℃，大气压力为99.91kPa，平均风速为2.7m/s。

冬季：空调干球温度为-3℃，空调采暖温度为0℃，大气压力为101.88kPa，平均风速为3.8m/s。

室内设计参数见表7-27。

表7-27　　　　　　　　　　　　室内设计参数

房间名称	夏季			冬季			新风量	噪声
	温度	相对湿度	风速	温度	相对湿度	风速		
	t（℃）	ϕ（%）	v（m/s）	t（℃）	ϕ（%）	v（m/s）	L（m³/h·P）	NC dB（A）
办公室	26~28	40~65	≤0.3	18~20	—	0.25	30	≤40
小会议室	25~27	40~65	≤0.3	16~18	—	0.25	20	≤40
多功能会议室	25~27	40~65	≤0.3	16~18	—	0.25	20	≤40
门厅	$\Delta t \leq 10$	40~65	≤0.3	16~18	—	0.2~0.5	10	≤55
计算机房	20~26	45~65	≤0.3	10~26	45~65	0.25	30	≤40
餐厅、咖啡厅	25~27	40~65	≤0.3	16~18	—	0.25	20	≤45

注　空调峰值冷负荷：6100kW；空调峰值热负荷：4600kW。全日总负荷：冷负荷约为62180kW；热负荷约为46970kW。

2. 系统冷源设计

主要设备配置及参数如下：

（1）本空调系统采用冰蓄冷系统，机房按冰蓄冷空调分量蓄冰模式设计，双工况螺杆主机和盘管为串联方式，主机位于盘管上游。

（2）蓄冰装置为整装式纳米导热复合蓄冰盘管，内融冰，出水温度为3.5℃。

（3）根据负荷情况，配备2台双工况主机和1台基载主机，双工况主机、蓄冰装置、

乙二醇泵等装置组成环路，载冷剂采用 25% 质量浓度的乙二醇溶液。

（4）主要设备有制冷主机、蓄冰装置、冷却塔、水泵、板式换热器、热水锅炉、蓄热罐和定压补水装置等设备，详细配置见表 7-28。

表 7-28　　　　　　　　　　　　冷源主要设备配置表

编号	设备名称	规格及参数	数量	备注
1	双工况螺杆机组	空调 462 RT/306 kW，制冰 328 RT/306 kW	2 台	—
2	基载螺杆机	标准工况制冷量 462 RT/306 kW	1 台	—
3	蓄冰装置	蓄冰量 642 RTH	6 套	—
4	制冷板式换热器	2290kW，冷侧（25% 乙二醇体积溶液）3.5/11℃、热侧（水）13/5℃	2 台	—
5	冷却塔	400m³/h，7.5×2kW	3 台	—
6	乙二醇泵	Q=290m³/h，H=40m，n=1450r/min，N=55kW	2 台	—
7	板换冷冻水泵	Q=250m³/h，H=35m，n=1480r/min，N=45kW	3 台	两用一备，变频
8	基载冷冻水泵	Q=170m³/h，H=35m，n=1480r/min，N=30kW	2 台	一用一备
9	冷却水泵	Q=375m³/h，H=25m，n=1480r/min，N=45kW	4 台	三用一备
10	电热水锅炉	WDZ1.260-0.7/95/70，功率 1260kW	2 台	—
11	蓄热槽	有效容积 180m³（90°）。总蓄热量 14650kWh	2 台	—
12	采暖板式换热器	换热量：2300kW，冷侧（水）50/60℃、热侧（水）55/85℃	2 台	—
13	蓄热循环泵	Q=66m³/h，H=16m，n=2960r/min，N=7.5kW	3 台	二用一备，变频
14	供热循环水泵	Q=200m³/h，H=32m，n=1480r/min，N=30kW	3 台	两用一备，变频

3. 控制系统设计（含控制策略）

冰蓄冷系统运行电动阀门转换见表 7-29，电蓄热系统运行电动阀门转换见表 7-30。

表 7-29　　　　　　　　　　　　冰蓄冷系统运行电动阀门转换表

运行工况	开启	调节	关闭
双工况主机制冰	Vi1、Vi4		Vi2、Vi3
主机与蓄冰装置联合供冷		Vi1、Vi2、Vi3、Vi4	
融冰单独供冷	Vi3	Vi1、Vi2	Vi4
主机单独供冷	Vi2	Vi3、Vi4	Vi1
双工况主机制冰基载主机供冷	Vi1、Vi4		Vi2、Vi3

表 7-30　　　　　　　　　　　　电蓄热系统运行电动阀门转换表

运行工况	关闭	开启	调节	蓄热水泵
电锅炉蓄热	Vh4	Vh3	Vh1、Vh2	工频
电锅炉蓄热同时供热			Vh1、Vh2、Vh3、Vh4	工频
电锅炉与蓄热装置联合供热	Vh3	Vh4	Vh1、Vh2	变频
蓄热装置单独供热	Vh1、Vh3	Vh2、Vh4		变频
电锅炉供热	Vh2、Vh3	Vh1、Vh4		变频

控制系统流程如图 7-30 所示，典型层风管平面图如图 7-31 所示。

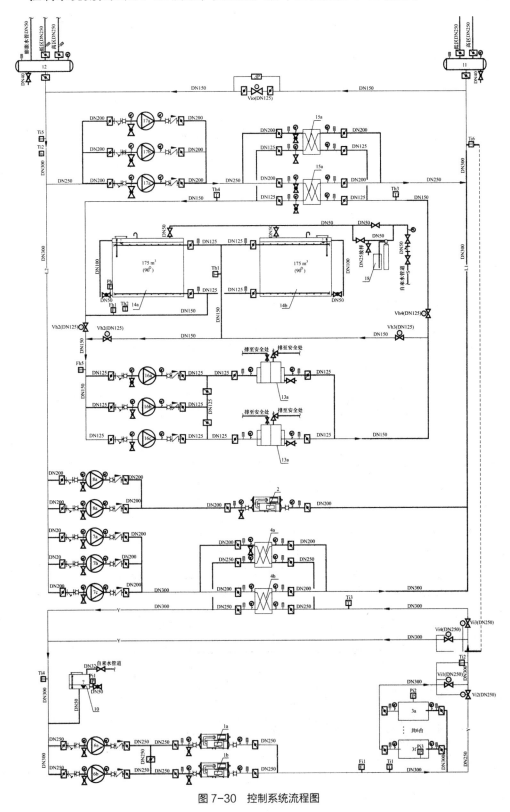

图 7-30 控制系统流程图

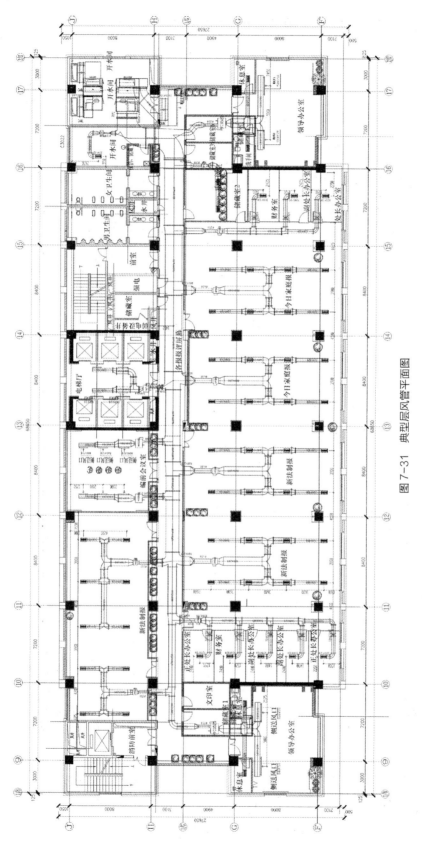

图7-31 典型层风管平面图

空调风系统设计主要采用以下三种方式：办公区采用低温送风单风道变风量（VAV）空调系统；大厅、餐厅等采用定风量（CAV）空调系统；咖啡厅、25层会议室等区域采用低温送风定风量空调系统。低温送风单风道变风量（VAV）空调系统为变风量空气处理机+单风道VAV-TMN+低温风口。低温送风系统设计送风温度为7℃。

4. 空调机组（VAV）运行控制

空调机组启动采用软启动方式，关机采用软停止方式，新风控制采用最小新风阀位，过渡机采用全新风阀位运行；在送风管上设置静压传感器，当负荷变化时，VAV末端的送风量发生变化，从而影响风管静压的变化，根据静压传感器的实测值与设定值的偏差变频调节送风机的转数以维持稳定的风管静压。

其他功能：具有如AHU过滤器阻塞报警、风机故障报警。

7.5.3 系统运行及测试情况

2013年9月22日23:00至2013年9月23日23:00运行情况如下。

南昌2013年09月23日天气情况：阵雨/阵雨，31℃/25℃，无持续风向≤3级/无持续风向≤3级。冷源从22日晚上23:00开始蓄冰，至23日凌晨5点结束，22日晚上23:30至23日1:30基载主机单供冷，主机上午8:00~14:15为基载主机单供冷工况，下午14:15~16:30、20:15~23:00为单融冰工况。

冰量曲线图如图7-32所示，江西电价政策（冰蓄冷）如图7-32所示。

从图7-33中看出，05:00~17:00为平电，17:00~23:00为高峰电，23:00~05:00为低谷电；从22日23:00至23日23:00运行一天后，一共消耗高峰电511kWh，平电2241.2 kWh，低谷电5045.8 kWh。

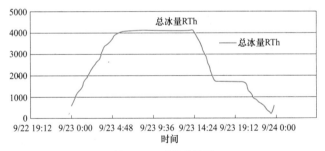

图7-32 冰量曲线图

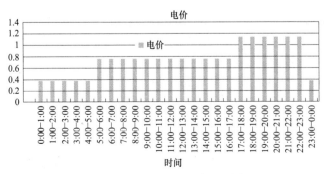

图7-33 江西电价政策（冰蓄冷）

151

风机频率曲线图如图 7-34 所示，典型层室内温度分布如图 7-35 所示。

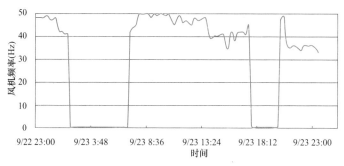

图 7-34　风机频率曲线图

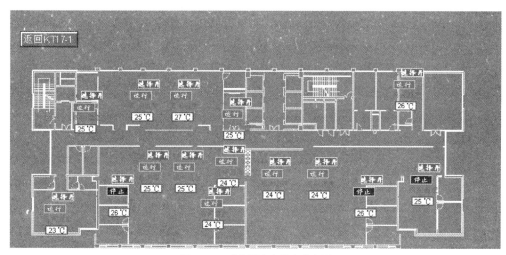

图 7-35　典型层室内温度分布图

末端运行情况良好，图 7-35 为典型楼层第 17 层的温度分布情况，可以看出房间温度基本稳定在 25℃左右，同时由于低温送风室内湿度低，比常温送风空调的舒适度还要好些，17 层空气处理机组静压设定值为 200Pa，由于室内负荷变化，引起需求风量的变化和 VAV-TMN 阀位变化，风管阻力特性随之变化，风机调节频率来适应静压值的变化；

从图 7-34 可看出末端空气处理机组的风机频率白天大部分时间均运行在较高频率，夜间运行频率较低，白天一段时间由于人员较多，负荷大，风机频率高，夜间由于人员少，负荷相对较小，风机频率低。

7.5.4　案例小结

冰蓄冷可以为电网削峰填谷，降低电网负荷，同时可利用电价政策降低运行费用；采用冰蓄冷后，水系统可采用节能的大温差技术，降低系统能耗，冰蓄冷可结合低温变风量空调末端，低温送风变风量空调不仅可有效降低系统能耗，而且还能得到更加舒适的室内环境。

7.6 青山湖科技城创新服务中心变风量空调设计应用

7.6.1 项目概况

青山湖科技城创新服务中心变风量空调系统项目，地处临安青山湖科技园大园路与岗阳街交叉口，项目属于多层综合类建筑，地下一层主要为机房和车库，南楼3层、北楼5层均为办公场所（见图7-36）。

图7-36 青山湖科技城创新服务中心

7.6.2 系统设计参数

（1）室外设计参数见表7-31。

表7-31 室外设计参数

参数	夏季	冬季
大气压力（kPa）	1000.5	1020.9
空气调节室外计算干球温度（℃）	35.7	-4
空气调节室外计算湿球温度（℃）	28.5	—
空气调节室外计算现对湿度（%）	—	77%
通风室外计算干球温度（℃）	33	4

（2）室内设计参数见表7-32。

表7-32 室内设计参数

房间名称	室内温度（℃）		室内相对湿度（%）		新风量（m³/h·人）	人员密度（人/m²）	人员长期逗留区风速（m/s）	噪声标准[dB（A）]
	夏季	冬季	夏季	冬季				
大堂	27	18	55	40	10	0.1	—	不大于45
会议	26	20	55	40	19	0.4	≤ 0.3	不大于40
办公	26	20	50	40	30	0.167	≤ 0.3	不大于40
食堂	26	20	55	40	25	0.5	≤ 0.3	不大于55
其余	26	20	55	40	25			

7.6.3 空调系统设计指标

空调系统设计指标见表7-33。

表 7-33　　　　　　　　　　　　　　空调系统设计指标

建筑面积	冷负荷	冷指标	热负荷	热指标
9506.34m²	865kW	91W/m²	720kW	75W/m²

7.6.4　空调冷热源

项目冷热源为青山湖科技城供冷供热能源站，地下室邻近区域公共管廊侧设置冷热计量间及暖通机房，机房内设置热交换站，利用板式水水热交换器制备空调冷热水；一次空调冷水供回水温 3/11℃，一次空调热水供回水温 60/50℃；二次空调冷水供回水温 4/12℃，二次空调热水供回水温 50/45℃。空调水系统采用变流量一次泵形式，一次泵与板换一一对应，并根据各管路末端压差变化变频控制，冬夏季泵共用。空调水管采用双管制，多回路，空调水系统水平及竖向以异程式为主。在各层分支管处配设静态平衡阀。

7.6.5　项目空调系统

项目包括多种形式空调系统，如：常温送风系统，主要用于展厅和会议场所；低温送风系统，主要用于办公区，由于房间进深有限，不考虑内外分区。选用单风道型变风量末端，气流组织为上送上回，沿窗采用条缝型低温风口，内区采用顶送贴服射流型低温风口。所有变风量末端均为压力无关型，系统采用变静压控制方式；风机盘管系统，主要用于走廊和卫生间区域。系统包括 11 台空调机组、133 套 VAV 变风量末端装置和 83 个风机盘管。

7.6.6　系统运行情况

项目自 2014 年 10 月份投入运行以来，运行情况良好，各项运行技术参数均达到设计指标。系统控制精度高，适应性、稳定性好；上位机智能化程度高，方便操作，更加人性化；计量系统全面、完善。

1. 换热站运行情况

换热站按照时间表模式控制设备启停，通过末端压差控制冷冻水泵变频，通过一次侧电动调节阀控制二次侧供水温度满足设计要求，如图 7-37 所示。

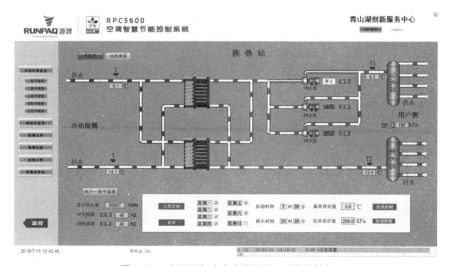

图 7-37　创新服务中心上位机界面（换热站）

2. 空气处理机组运行情况

通过调节表冷盘管电动水阀的开度，可以快速稳定的控制空气处理机组的送风温度在设定值的 ±1℃范围内。通过新风阀开度控制 CO_2 的浓度，当室内回风 CO_2 浓度大于设定值时开大新风阀的开度，关小回风阀开度，如图 7-38 所示。同时，上位机智能化程度高，方便管理，具有自动申请加班功能，更加人性化。设置参数为加班时间长度，以小时为单位，按照下班时刻为开始时刻，顺延计算加班截止时刻，加班设置值次日自动清零。

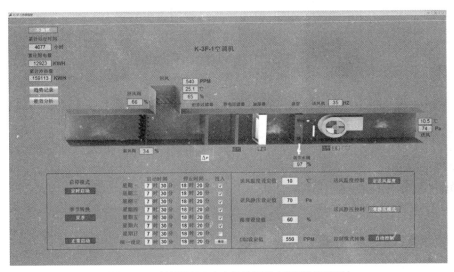

图 7-38　创新服务中心上位机界面（空气处理机组）

3. 变风量末端系统运行情况

以三层空调系统为例，夏季室内温度全局设定 24℃，实际各房间温度稳定在24~25℃，办公区域相对湿度小于 50%，满足设计要求，如图 7-39 所示。公共场所噪声小于 45dB，办公区域噪声小于 40dB。环境洁净度较高，满足 PM2.5 控制要求。控制系统控制精度高，适应性、稳定性好。

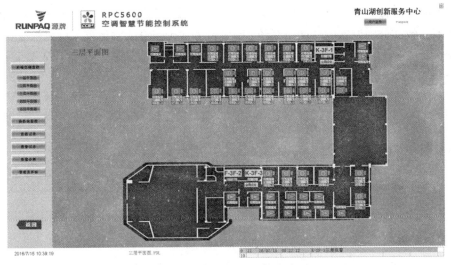

图 7-39　创新服务中心上位机界面（空调平面参数）

7.7　天津于家堡 03-26 号地块变风量空调设计应用

7.7.1　项目基本情况

图 7-40　天津于家堡金融中心项目

本项目为于家堡金融中心 03-26 号地块项目，位于天津于家堡金融起步区块，东临堡京路，南临于荣道，西邻堡兴路规划为步行街，北侧临友谊路步行街，步行街均设有地铁站出入口，如图 7-40 所示。项目总建筑建筑面积 159612m²，其中地上 124458m²，地下 35154m²。该工程由裙房和塔楼两部分地上建筑及三个地下室组成。裙房七层，塔楼三十八层，裙房最大总高度为 33.6m，塔楼最大高度为 168m。主要功能为商业、餐饮、办公、地下车库等。项目空调设计日峰值总冷负荷 11524kW，空调设计总热负荷 10470kW。

7.7.2　系统设计概况

1. 空调冷热源系统

于家堡一期所有地块冷源均由 03-11 地块一号能源站供给，热源由市政供热管网供给，03-26 地块地下三层设置换热站，夏季二次侧供回水温度 5/13℃，冬季二次侧供回水温度 60/50℃。

2. 空调末端系统

（1）项目裙房和塔楼 1~2 层、38 层办公采用单区常温变风量全空气系统。变风量方式为组合式空调器 + 排风机变频调节。

（2）项目塔楼 3~37 层办公采用多区常温变风量全空气系统，项目根据内外分区冷热需求不一致亦分别设置内外两个系统。变风量方式为组合式空调器 + 排风机变频调节。办公区内区末端均为单风道 VAV 变风量末端，办公区外区末端均为带热水盘管单风道 VAV 末端，核心筒会议室采用并联风机动力型 VAV 末端。

主要设备及参数见表 7-34，标准层风管平面图如图 7-41 所示。

表 7-34　　　　　　　　　　　　　　　　主要设备及参数

序号	名称	规格	单位	数量	备注
1	组合式空调器	G=35000m³/h　　Q_l=165kW　　Q_r=135kW　　N=18.5kW 余压 500Pa　变频	台	1	外区
2	组合式空调器	G=18000m³/h　　Q_l=100kW　　Q_r=70kW　　N=7.5kW 余压 500Pa　变频	台	1	内区
3	排风机	G=9600m³/h，N=4.0kW，350Pa 变频	台	2	

续表

序号	名称	规格		单位	数量	备注
4	单风道 VAV 末端	RPVD20W3	340~850m³/h	台	9	外区
5	单风道 VAV 末端	RPVD32	850~1785m³/h	台	14	内区
6	单风道 VAV 末端	RPVD32W5	1020~2380m³/h	台	13	外区
7	并联动力型 VAV 末端	RPVB32	850~1785m³/h	台	2	核心筒

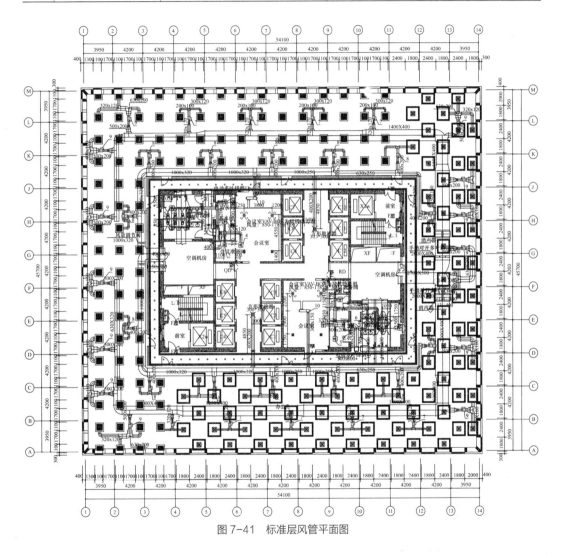

图 7-41 标准层风管平面图

7.7.3 空调机组（VAV）运行控制

系统可选用定静压、可变静压和变静压三种控制策略。过渡机采用全新风阀位运行，实现过渡季 50% 新风比。夏季夜间全新风通风模式，可利用夜间新风带走围护结构的存热。另外系统还具有 AHU 过滤器阻塞报警、风机故障报警等功能。

7.7.4 空调机组（VAV）控制原理

变风量空调机组控制原理图如图 7-42 所示。

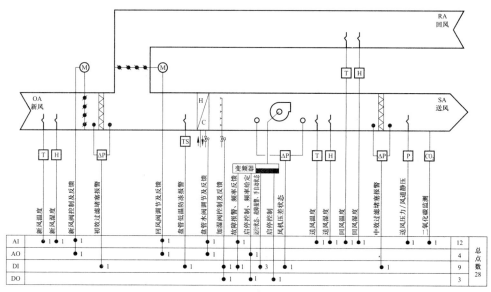

图 7-42　变风量空调机组控制原理图

7.7.5　系统控制通信形式及架构

系统控制通信形式及架构如图 7-43 所示。

网络通信形式	
应用层	BACnet
传输层	
网络层	IP
物理、链路层	Ethernet

图 7-43　系统控制通信形式及架构

物理、链路层采用以太网标准，网络层为 IP 协议，上层为 BACnet，即采用 BACnet/IP 通信标准。

该项目实现了设备的标准化，系统框架的标准化，设备、主系统的平台化，完善的安全管理机制和合法性认证机制，以及 IDC 数据中心服务。智能化集成数据整合平台如图 7-44 所示。

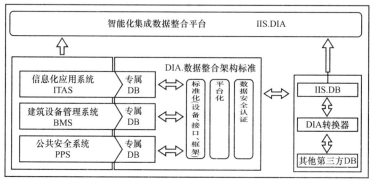

图 7-44　智能化集成数据整合平台

7.7.6 系统控制产品

系统硬件采用 RPC5600 变风量末端智慧节能控制柜，如图 7-45 所示，通过现场总线技术、通信水表、电能表、热量表，达到实时监测风机能耗情况的目的；通信末端 VAV 控制器，采集末端房间的风阀数据，实现定静压、可变静压与变静压控制，达到风机节能的目的。

图 7-45 RPC5600 变风量末端智慧节能控制柜

RPC5600 智慧节能控制柜通过现代计算机技术、以太网方式连接上位机，简化控制系统拓扑层，实现一台电脑访问项目所有智慧节能控制柜，达到集中管理、集中维护的目的；

RPC5600 智慧节能控制柜内置通信模块，通过 Internet、GPRS 和 WiFi 网络，可随时随地的实现远程访问，尽可能迅速的解决用户的当前问题，同时减少人员差旅费的开支。

系统软件采用源牌自主编制的控制系统程序及自主研发的上位机界面。

程序具备多种控制模式供选择及切换，自主编程具有优越的灵活性，可根据项目需求方开发个性化控制模式及选项；上位机具有功能强大，画面精美、稳定可靠，实时更新、三维动态，标准化人机交互等特点。

7.8 深圳能源大厦变风量空调设计应用

7.8.1 项目概况

能源大厦工程项目为超高层建筑，由南北两栋塔楼、裙楼及 4 层地下室组成，如图 7-46 所示，北塔楼 42 层，高度 218m；南塔楼 20 层，高度 116m；裙楼 8 层，高度 46m。总用地面积 9047.06m²，其中建设用地面积 6427.6m²。地下室扩展：东侧以建设用地红线向东扩

图 7-46 深圳能源大厦

展 14.2m，北侧以建设用地红线向北扩展 6.7m，地下室扩展占地面积为 2619.4m²，总建筑面积约 14.3 万 m²，其中地上建筑面积约 10.7 万 m²，地下建筑面积约为 3.6 万 m²。

能源大厦南、北塔楼写字楼采用 VAV 变风量空调系统，设计采用 VAVBOX 约 1500 套。

7.8.2 系统设计基本参数

系统设计基本参数见表 7-35。

表 7-35 室外空气计算参数

参数	夏季	冬季
空气调节室外计算干球温度	33.7℃	6℃
空气调节室外计算湿球温度	27.5℃	—
空气调节室外计算相对湿度	—	72%
通风室外计算干球温度	31.2℃	14.9℃
室外平均风速	2.2m/s	2.8m/s
大气压	1013.6bar	1002.4bar

7.8.3 空调冷热源

项目高温冷负荷 6500kW，主要承担人员、围护结构、灯光、照明、厨房炉灶补风冷负荷等。低温冷负荷为 5043kW，主要承担新风、人员湿负荷以及裙楼全空气系统区域冷负荷。

办公楼小型数据机房冷负荷合计约 1210kW。

低温冷源采用双工况主机和冰蓄冷系统，蓄冰量 5872RTH。

高低温负荷冷冻水分高低区，北塔楼 20 层设热交换间，高低区水系统均为两管制机械循环，二级泵系统。二级泵变频运行，适应负荷变化的需要。

7.8.4 变风量系统的设计

整个大楼的空调风系统包括：采用组合式空气处理机组的低风速单风道定风量、变风量空气系统以及风机盘管加新风空调系统。

塔楼办公区采用组合式空气处理机组单风道变风量全空气系统，办公室内外区分别设置单冷型单风道变风量末端装置，每个末端连接一定数量的条缝风口或者灯具风口顶送，回风为吊顶集中回风。

过渡季节期间，系统设计满足全新风运行条件。

1. 系统典型层平面布置

典型层平面布置图如图 7-47 所示。

2. 设备选型

本项目中采用源牌自主品牌变风量一体化末端装置 VAV-TMN，如图 7-48 所示。系统运行时，由空调机组送出的一次风，经单风道型变风量末端内置的风阀调节后送入空调区域。

每个变风量末端装置搭载的风阀控制器选用源牌完全具有自主知识产权的 RVC 型 VAV 控制器，该控制器采用 32 位 ARM 智能处理器，支持多种国际标准通信协议；支

160

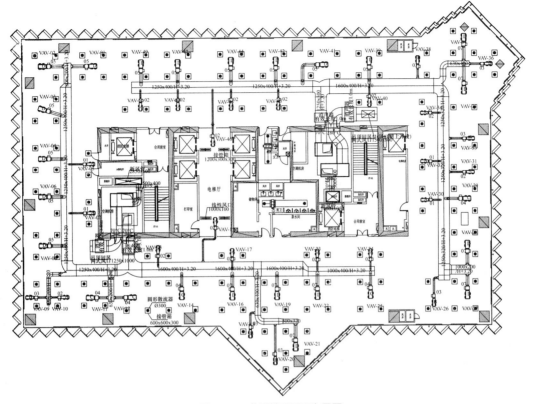

图 7-47　典型楼层平面布置图

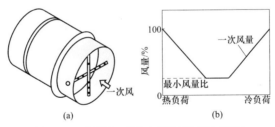

图 7-48　变风量一体化末端装置 VAV-TMN

（a）示意图；（b）运行性能图

持 433MHz 无线通信，具备自组网络功能；并且通过硬件和软件两方面提高了控制器的
抗干扰性。在项目的后期调试及运行中，本控制器优异的性能起到了至关重要的作用。

7.8.5　变风量系统的控制

本系统可以实现定静压和可变静压的控制模式。楼层控制系统采用高可靠性、高稳
定性的 PLC 工业级控制器，保证系统的节能性和舒适性的要求。

（1）可变静压控制。在送风管上设置的静压传感器，根据设定静压值与实测值的偏
差来变频调节送风机的转数，同时根据各个 VAV 的阀位开度来改变静压设定值，兼顾
稳定和节能运行。

（2）送风温度控制。根据设定送风温度与实测值的偏差调节电动冷 / 热水阀的开度，

同时根据各 VAV 的阀位开度来改变系统送风温度，提高空调系统运行的经济性。

（3）新风控制。在新风管上设置风速传感器，空调运行季根据最小设定新风量值与实测值的偏差来调节新风阀和回风阀的开度。过渡季采用全新风运行。

（4）开关机控制。根据需求可利用时间表来实现定时开关机。

（5）报警功能。当出现过滤网阻塞、风机故障、传感器故障等情况时能及时判断，切断电源或报警提醒。

7.9 上海白玉兰广场变风量空调设计应用

7.9.1 项目概况

图 7-49　上海白玉兰广场

"上海浦西第一高楼"白玉兰广场，地处北外滩黄浦江沿岸地区，与陆家嘴隔江相望，如图 7-49 所示。总建筑面积 42 万 m²，其中地上 26 万 m²，地下 16 万 m²，包括一座 66 层、高 320m 的办公塔楼和一座 39 层、高 172m 的酒店塔楼。白玉兰广场与东方明珠、金茂大厦、环球金融中心、上海中心隔江呼应，其四层地下空间将分别与上海国际客运中心和地铁 12 号线国际客运中心站相通。

项目采用源牌单风道 VAVBOX、并联动力型 VAVBOX 共计 3100 台。

7.9.2 系统设计基本参数

系统设计基本参数见表 7-36。

表 7-36　　　　　　　　　　室外空气计算参数

参数	夏季	冬季
空气调节室外计算干球温度	34.4℃	-2.2℃
空气调节室外计算湿球温度	27.9℃	—
空气调节室外计算相对湿度	—	75%
通风室外计算干球温度	31.2℃	—
室外平均风速	3.1m/s	2.5m/s
大气压	1005.4bar	1025.4 bar

7.9.3 主要设计指标

空调系统主要设计指标见表 7-37。

表 7-37 空调冷热负荷及设计指标

项目区域	冷负荷 （kW）	冷指标 （W/m²）	热负荷 （kW）	热指标 （W/m²）
酒店	7400	102	4000	55
办公	17000	123	7800	57
商业	19220	200	8200	85
影院	680	129	390	74

7.9.4　系统冷热源

空调冷源采用电制冷离心式冷水机组，空调冷源系统另设空调冷却水—空调冷水板式换热器，可以在室外环境允许的条件下实现免费冷却，达到节省运行能耗及费用的目的。

各区域热源均由锅炉房提供，热水经换热器交换后提供各区域空调热水。

冷冻机房设置在酒店区域地下四层。

7.9.5　空调系统的设计

工程采用集中式空调系统，根据各功能分区的不同特点采用不同的空调形式。具体如下：

（1）大空间场所。酒店宴会厅、公共大厅等大空间场所采用全空气系统，根据各区域的实际情况采用喷口、条形风口侧送风或散流器、旋流器顶送风的送风方式，回风采用顶回风或下回风的方式，全空气系统用空调箱均设置全热交换器并采用双风机的形式，可变频运行。

（2）酒店客房。采用四管制风机盘管加新风的方式，气流组织采用侧送顶回，新风集中处理后由送风立管送入各房间。新风空调箱设置全热交换器，送、排风机均变频运行。

（3）商场。采用风机盘管或薄式吊顶空调箱加新风的方式，新风空调箱设置全热交换器，变频运行。

（4）标准办公区域。采用变风量（VAV）空调系统，空调箱一次风经过变风量末端送至房间，吊顶集中回风。内区设置单风道变风量末端，外区采用带加热盘管并联风机驱动式变风量末端，采用顶送顶回的气流组织方式。空气处理机组变频运行。空调一次风可常年供冷，解决空调内区常年的冷负荷，而冬季外区的热负荷则由变风量末端上的热水再热盘管负担。新风集中处理后由集中立管送入各房间。新风空调箱设置转轮全热交换器，风机均变频运行。

1. 典型层平面图

典型层平面图如图 7-50 所示。

2. 设备选型

项目 VAV 变风量系统分内外区，内区的变风量末端装置均选用单风道型无动力设备。系统运行时，由空调机组送出的一次风，经单风道型变风量末端内置的风阀调节后送入空调区域。

外区采用了带加热盘管的并联型变风量末端。

每个变风量末端装置搭载的风阀控制器选用 RVC 型 VAV 控制器，该控制器采用 32 位 ARM 智能处理器，支持多种国际标准通信协议，支持 433MHz 无线通信，具备自组网络功能；并且通过硬件和软件两方面提高了控制器的抗干扰性，在本项目的后期的调试及运行中，本控制器的优异性能起到了至关重要的作用。

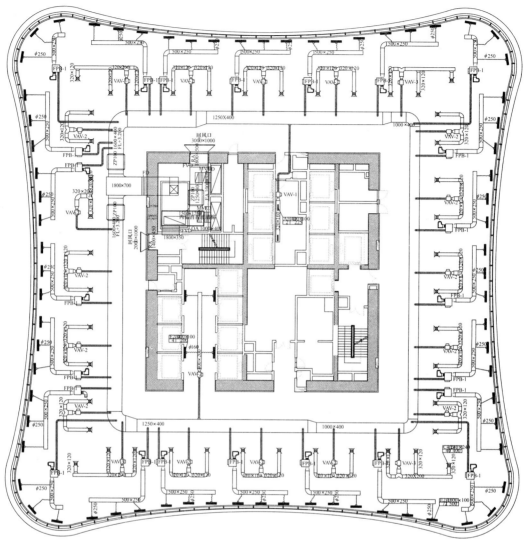

图 7-50　典型层平面图

7.9.6　变风量系统的控制

系统采用定静压及变静压控制模式，可根据项目使用情况进行选择。控制方法，此控制策略主要包含以下几个控制逻辑：

（1）定静压控制。在送风管上设置的静压传感器，根据设定静压值与实测值的偏差来变频调节送风机的转数。

（2）变静压控制。根据末端 VAV-TMN 的开度及数量进行加权计算，进行空调机组频率再设定，保证变风量末端装置的风量调节阀尽可能位于高开度下运行，最大限度降低空调系统能耗。

（3）送风温度控制。根据设定送风温度与实测值的偏差调节电动冷 / 热水阀的开度，同时根据各 VAV 的阀位开度以改变系统送风温度，提高空调系统运行的经济性。

（4）变新风比运行控制。在新风管上设置的风速传感器，空调运行季根据最小设定新风量值与实测值的偏差来调节新风阀和回风阀的开度；过渡季采用全新风运行。

（4）开关机控制。根据需求可利用时间表来实现定时开关机。

（5）报警功能。当出现过滤网阻塞、风机故障、传感器故障等情况时能及时判断，切断电源或报警提醒。

参考文献

[1] 陆耀庆. 实用供热空调设计手册 [M]. 北京：中国建筑工业出版社，2012.

[2] Allan T.Kirkpatrick and James S. Elleson. 低温送风系统设计指南 [M]. 汪训昌，译. 北京：中国建筑工业出版社，1999.

[3] 叶大法，杨国荣. 变风量空调系统设计 [M]. 北京：中国建筑工业出版社，2007.

[4] 戴斌文，狄洪发，江亿. 变风量空调系统风机总风量控制方法 [J]. 暖通空调，1999（3）：1-6.

[5] 龙惟定，程大璋. 智能化大楼的建筑设备 [M]. 北京：中国建筑工业出版社，1997.

[6] GB50365—2005，空调通风系统运行管理规范 [S]. 北京：中国建筑工业出版社，2005.

[7] JGJ343—2014，变风量空调系统工程技术规程 [S]. 北京：中国建筑工业出版社，2014.

[8] 叶水泉. 蓄能空调技术及其发展 [J]. 中国电力，2000（9）：39-44.

[9] 胡兴邦，朱华，叶水泉，冯踏青. 蓄冷空调系统原理、工程设计及应用 [M]. 杭州：浙江大学出版社，1997.

[10] 刘静纨. 变风量空调模糊控制技术及应用 [M]. 北京：中国建筑工业出版社，2011.

[11] ASHRAE ANSI/ASHRAE Standard[S].62-2001.

[12] 应晓儿，雷炳成，叶水泉，陈永林，李颖. 杭州国电机械设计研究院科研综合楼低温送风变风量空调系统设计 [J]. 制冷空调与电力机械，2008（5）：39-42.

[13] 变风量空调系统专辑 [S]. 暖通空调，2013(11)：1-56.